U0317713

# 网页配色

## 从入门到精通

+ 张晓景 编著 +

人民邮电出版社

北京

图书在版编目（ＣＩＰ）数据

网页配色从入门到精通 / 张晓景编著. -- 北京：
人民邮电出版社，2018.12
ISBN 978-7-115-49439-9

Ⅰ. ①网… Ⅱ. ①张… Ⅲ. ①网页－制作－配色
Ⅳ. ①TP393.092

中国版本图书馆CIP数据核字(2018)第217989号

## 内 容 提 要

本书通过大量的案例分析，详细介绍了网页配色的基本知识和色彩搭配技巧。同时从色彩搭配基础、网页设计配色基础和色彩搭配的选择标准等方面深入分析了网页配色的思路和方法。并对色彩搭配中的不足之处进行分析，同时给出改进的具体方案。全书共分为5章，具体包括色彩搭配基础、网页设计配色基础、色彩搭配的选择标准、网页布局配色和移动端网页配色等内容。

本书适合网站设计人员和网页设计爱好者阅读，也可作为网页设计师、专业平面设计师、包装设计师、艺术院校师生及色彩设计爱好者的理想参考书。

◆ 编　著　张晓景
责任编辑　刘　尉
责任印制　焦志炜

◆ 人民邮电出版社出版发行　　北京市丰台区成寿寺路 11 号
邮编　100164　　电子邮件　315@ptpress.com.cn
网址　http://www.ptpress.com.cn
天津市豪迈印务有限公司印刷

◆ 开本：700×1000　1/16
印张：14.75　　　　　　　2018 年 12 月第 1 版
字数：288 千字　　　　　2018 年 12 月天津第 1 次印刷

定价：69.80 元

读者服务热线：(010)81055256　印装质量热线：(010)81055316
反盗版热线：(010)81055315
广告经营许可证：京东工商广登字 20170147 号

PREFACE

　　色彩的魅力是无限的，它可以让本身很平淡的东西，瞬间变得漂亮起来，就如同一个人的着装一样，如果穿着一件色彩搭配漂亮的衣服，这个人就自然显得比较光鲜亮丽一些。网页也同样如此，随着网络时代的迅速发展，简单的文字与图片组合的网页已经不再能够满足人们的需要，一个网页给人们留下的第一印象，既不是它丰富的内容，也不是合理的版面布局，而是网站的整体颜色，这将决定用户是否继续浏览下去。

　　为了能够满足人们的需要，当代的设计者除了需要掌握基本的网站制作技术以外，还必须能够很好地应用色彩，搭配色彩，掌握一些基本的色彩搭配技巧。其实，色彩就好像是食物一样，它的味道主要取决于调味品，不同的调味品将调出不同的味道，调成功的好吃，调失败的往往叫人难以下咽。网站的成功与否在某种程度上就取决于设计者对色彩的运用与搭配。

　　网页的色彩搭配往往是设计者感到最头疼的问题。尤其是那些非美术或平面设计出身的网页设计者，在掌握了网页制作软件和相关技术的同时，还想多学习一些色彩的基础知识和网站的配色方法，除了借鉴大量的成功作品，体会不同的网页设计师的配色技巧以外，最直接的方法就是寻找一本理想的网页配色参考书，通过学习快速提高网页的配色水平。

　　本书正是遵循广大设计者的需求，采用循序渐进的方式指引设计者正确地采用网站配色，从色彩的基础开始学习，牵引到色彩的应用，从所属行业、浏览对象、色彩心理学的原理、色彩个性、色彩联想和产品生命周期的角度出发传授色彩的选择方法，以案例的形式分别从网页布局配色、网页交互配色和移动端网页配色3个方面分析网页配色要点，带领读者从简单开始，逐步深入了解色彩搭配在网页设计中的应用。

　　本书的定位是一本对读者真正有帮助的配色宝典，让读者在阅读过本书后可以轻松地驾驭网页的颜色搭配，对制作网页的过程可以起到事半功倍的作用。由于互联网的更新较快，书中所提供的网址仅供参考。

　　本书可供没有美术基础的网页设计者学习，也是在职网页设计制作人员在实际配色工作中的理想参考书。希望本书可以为广大网页设计者提供最大的帮助。

编者

2018年7月

目录 CONTENTS

# 第1章　色彩搭配基础

作为一种视觉语言，色彩随时随地影响着人们的日常生活。自然界中美妙的色彩，刺激和感染着我们的视觉，提供给我们无限的视觉空间。人们对于色彩从认识到运用的过程也就是感性认识向理性认识升华的过程。

## 1.1 色彩入门知识

在人类赖以生存的地球上，人们每天的生活都被各种各样的色彩包围着，色彩使得周围的环境更加妙趣横生、丰富多彩。如果世界上没有光，人类所看到的一切都是黑色的。因为有了光，色彩才会出现。

### 1.1.1 色彩的产生

在日常生活中，充满各种各样的色彩。从光学的角度来说，世界上的一切物体之所以会出现不同颜色，是因为光源照射。

> 提示：既然光是色彩存在的必备条件，那么色彩产生的理论过程为：光源（直射光）——物体（反射光、投射光）——眼（视神经）——大脑（视觉中枢）——产生色感（知觉）。

我们日常所见到的白光，是由红、绿、蓝3种波长的光组成的，在同一种光线条件下，经由人的眼睛，传达到大脑形成了我们所看到的各种不同的颜色，反射光不同，眼睛就会看到不同的色彩。由此看来，物体的颜色就是它们反射的光的颜色，如下图所示。

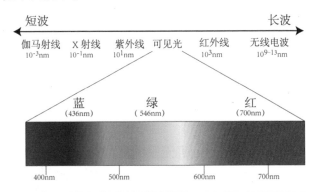

> 提示：nm是一个长度单位，意思就是纳米的意思，1纳米的长就是：$10^{-9}$米。也就是10亿纳米等于1米。

### 1.1.2 光源色、物体色和固有色

光源可以分为两种：一种是自然光，如太阳光等；另一种是人造光，如蜡烛光、灯光等。物体色是光被物体反射或透射后的颜色。所以，光源色和物体色有着必然的联系，如下图所示。

> 提示：由此可以得出以下结论：没有光就没有色，不同的光可以产生不同的色；不同的物体对各种光照的反映不同。

正常

绿色光

红色光

# 1　光源色

各种光源发出的光，由于光波的长短、强弱、光源性质的不同，呈现出的颜色也不同，这种不同的色光被称为光源色。如一张白纸，在红光下呈现红色，在白光下呈现白色。像霓虹灯、饰灯等的光线都可以直接进入视觉，如下图所示。

阳光

灯光

- **精彩案例分析**

| 主色 | 辅色 |
| --- | --- |

RGB（2, 19, 109）　RGB（47, 179, 228）

| 主色 | 辅色 |
| --- | --- |

RGB（254, 243, 120）RGB（34, 124, 150）

该网页以蓝色渐变为背景色，蓝色可以给人一种沉稳、理性、踏实的感觉，加上黄色点缀，突出主题。

以黄色为主调色，而且使用了大量的渐变色，使黄色既带给浏览者明朗愉快的感觉，又不会过分夸张。

提示：光源具有很多属性，如波长的强弱、性质等。因此，得到的色彩也不同，不同光照射在相同颜色的物体上，呈现的颜色是不同的。当夕阳照射不同的物体时受到光源色的影响，呈现出浓郁的橙黄色。

## 2 物体色

日常所见的非发光物体会呈现出不同的颜色。它是由光源色经过物体的吸收反射，反映到视觉中的光色感觉，这些感觉到的色彩称为物体色，如动植物的颜色、服装的颜色和建筑的颜色等。物体分为透明体和不透明体两种，透明体呈现出的色彩由它所能透过的光决定，而不透明体呈现的色彩是由它反射的色光决定的，下图所示为物体色。

植物颜色　　　　　　　　　　　　物体颜色

• **精彩案例分析**

| 主色 | 辅色 |
| --- | --- |
| RGB（54, 93, 0) | RGB（217, 1, 1) |

该网页使用高纯度低明度的对比冷暖色调进行对比配色，使网页画面颜色艳丽丰富。

| 主色 | 辅色 |
| --- | --- |
| RGB（255, 246, 181) | RGB（249, 5, 5) |

该网页背景由橙色渐变到黄色，给人一种平稳、亲和的感受，红色的点缀丰富了网页色彩。

## *3* 固有色

固有色，就是指物体在正常阳光下呈现出的固有色彩效果。自然界中的一切物体都有其固有的物理属性，它对入射的光都有固定的选择吸收特性，即具有固定的反射率和透射率。人们在标准的日光下看到的物体颜色是稳定的，下图所示为固有色。

固有色

• **精彩案例分析**

页面使用黄色和红色为辅色，这两种色彩能够刺激人的食欲

| 主色 | 辅色 |
|------|------|
| RGB（193，190，189） | RGB（248，219，35） |

| 主色 | 辅色 |
|------|------|
| RGB（255，219，47） | RGB（213，46，40） |

该网页运用了大面积的灰色作为背景。在减少浏览者视觉压力的同时，更加衬托了页面中的产品，强烈吸引浏览者的视觉，更让人感觉回味无穷。

该网页背景是由黄色、红色和橙色3 种暖色调组成的，令人心态平稳、缓和，红色的加入为页面增添了亮点。

## 1.2　色彩的属性

在运用和使用色彩之前，要掌握使用色彩的原则和方法。自然界中的颜色可以分为无彩色和彩色两大类。无彩色指黑色、白色和各种深浅不一的灰色，而其他所有颜色均属于彩色。每一种色彩都会同时具有 3 个基本属性：色相、明度和纯度。

### 1.2.1　色相

色相是指色彩的相貌，准确地说是按照波长来划分色光的相貌。各种色相是由射入人眼的光线的光谱成分决定的，人眼对每种波长色光的感知就形成一种色相。色相环如下图所示。

色相环是由原色、二次色和三次色组合而成的。色相环中的三原色是红、蓝和黄，二次色是橙、绿和紫，红橙、黄橙、黄绿、蓝绿、蓝紫和红紫为三次色。三次色是由原色和二次色混合而成的，如下图所示。

 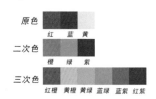

### 1.2.2 明度

明度是指眼睛对光源和物体表面的明暗程度的感觉，所有的颜色都有不同的亮度，亮色称为"明度高"，反之，称为"明度低"。明度最高的颜色是白色，明度最低的颜色是黑色。明度的变化如下图所示。

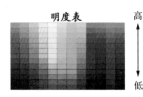

色彩的明度变化，越往上的色彩明度越高，越往下的色彩明度越低。

### 1.2.3 饱和度

饱和度也叫纯度，指颜色的纯洁程度（鲜艳程度），表示色彩中含色成分与消色成分的比例。色彩的纯度越低，含有色彩的成分比例越小。色彩的纯度越高，则色彩成分的比例越大。

不同的颜色的纯度也有高低之分，如红色的纯度最高，而青绿色的纯度最低。从科学角度来看，一种颜色的鲜艳度取决于这一色相发射光的单一程度。不同的色相不仅明度不同，纯度也大不相同。效果如下图所示。

从上至下色彩的纯度逐渐降低，上面是不含杂色的纯色，下面则接近灰色。

## 1.3　色彩在网页中的应用

一个好的网页设计会给用户带来记忆深刻、好用易用的体验。色彩在网页设计的版式、信息层级、图片等视觉方面的运用，直接影响到用户对网站的最初感觉。在这些内容中，色彩的配色方案是至关重要的，网站整体的定位、风格调性都需要通过颜色，给用户带来感官上的刺激，从而产生共鸣。

### 1.3.1　网页色彩特征

在浏览信息、观看网页时，色彩是最富有表现力和感染力的视觉元素，在网页中是最能吸引阅览者视线的。网页上的色彩会随着用户的计算机显示器环境的变化而变化，无论颜色是多么相同，不同的显示器下也会有细小的差异。但这不是色彩的基本概念不同而产生的问题，只不过设计人员在网页中使用色彩要多费些脑筋。

> **提示：** 计算机显示器是由一个个被称为像素的小点构成的。像素把光的三原色红、绿、蓝（实际工作中的三原色和美术学中的三原色有区别）组合成的色彩按照科学的原理表现出来。一个像素是 8 位元色彩的信息量，从 0 ~ 255，0 是完全无光的状态，255 是最亮的状态。

• **精彩案例分析**

主色　RGB（139, 26, 8）　辅色　RGB（196, 144, 58）

红色与橙色进行搭配，通过渐变的手法构成和谐的背景色，不同程度的黑色融入使画面具有一定的安定感。

主色　RGB（113, 6, 0）　辅色　RGB（123, 21, 7）

网页上的色彩会随着用户的显示器环境的变化而变化，无论颜色是多么相同，也会有细小的差异。

### 1.3.2　网页安全色

网页安全色颜色使用了一种颜色模型。该模型可以用相应的十六进制值 00、33、66、99、CC 和 FF 来表达三原色中的每一种。这种基本的 Web 调色板将作为所有的 Web 浏览器的标准，包括了十六进制值的组合结果。

网页安全色是当红色、绿色、蓝色颜色数字信号值分别为 0、51、102、153、204、255 时构成的颜色组合，一共有 6×6×6=216 种颜色（其中彩色为 210 种，非彩色为 6 种）。安全色效果如下图所示。

> **提示：** 256 色里有 40 种颜色在 Macintosh 和 Windows 里显示的效果不一样，所以能安全使用的只有 216 色。为了尽量让用户看到色彩相同的网页，请尽量使用下面的 216 色，合理的色彩运用可以让你的网站更加完美。

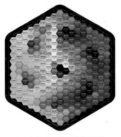

网页安全色效果图

Photoshop 的安全色

## 1.4 色彩的联想作用

色彩是我们接触事物的第一直观认知。在浏览一个新的网页时，第一认知的不是页面的具体结构和信息内容，而是页面色彩搭配的视觉效果。色彩对每个人、地域或国家都有不同的情感认知和联想意义。从某种程度看，大多数人对色彩的认知和联想是一致的。网页的色彩，是访问者登录页面时的第一印象，好的页面色彩能给用户留下深刻的印象，并且能产生很好的视觉效果和营造网站整体氛围的作用。

### 1.4.1 红色

红色是热烈、冲动、强有力的色彩，对于人的眼睛的刺激效果最显著，最容易引人注目。最受瞩目的颜色就是红色。它除了具有最佳的明视效果之外，更有积极、热力、温暖等含义的精神。另外红色经常作为警告、禁止等表示用色，人们在一些场合或物品上看到红色标识时，就了解其警告着某些危险。

- **红色系**

| 正红 | 红紫色 | 玫瑰红 | 牡丹红 | 珊瑚红 |
|---|---|---|---|---|
| | #d8220d | RGB（216，34，13） | | 热情 |
| | #b60066 | RGB（182，0，102） | | 奢华 |
| | #e684b3 | RGB（230，28，100） | | 甜蜜 |
| | #ea9997 | RGB（230，132，179） | | 浪漫 |
| | #ea9997 | RGB（234，153，151） | | 温柔 |

| 浅粉色 | 酒红色 | 朱红色 | 宝石红 | 红茶色 |
|---|---|---|---|---|
| | #fadce9 | RGB（250，220，233） | | 清纯 |
| | #c11920 | RGB（193，25，32） | | 典雅 |
| | #ea5529 | RGB（234，85，41） | | 生机 |
| | #c80852 | RGB（200，8，82） | | 宝贵 |
| | #9e4f1e | RGB（158，79，30） | | 庄重 |

- **精彩案例分析**

| 主色 | 辅色 |
|------|------|

RGB（152，26，27）　　RGB（239，127，27）

| 主色 | 辅色 |
|------|------|

RGB（170，1，8）　　RGB（159，208，178）

　　页面使用橙色和红色作为背景色，同属于高纯度的色系，使页面的视觉冲击力变强，也使页面的设计感增强。

　　该网页的背景色为红色，红色是非常温暖的颜色，更能刺激人的食欲，加入黄色，可以突出主题。

- **配色辞典**

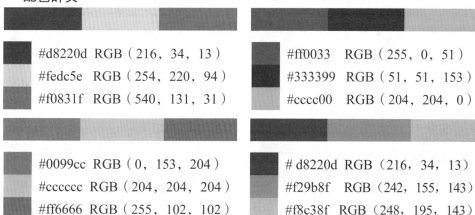

#d8220d RGB（216，34，13）
#fedc5e RGB（254，220，94）
#f0831f RGB（540，131，31）

#ff0033　RGB（255，0，51）
#333399 RGB（51，51，153）
#cccc00　RGB（204，204，0）

#0099cc RGB（0，153，204）
#cccccc RGB（204，204，204）
#ff6666 RGB（255，102，102）

# d8220d RGB（216，34，13）
#f29b8f　RGB（242，155，143）
#f8c38f RGB（248，195，143）

### 1.4.2　橙色

　　橙色是活泼欢快的色彩，是暖色系中最温暖的颜色，它使人联想到秋天——收获的季节，因此是一种富足、欢乐而幸福的颜色。由于橙色非常明亮刺眼，因此这种颜色尤其运用在服饰上。

- **橙色系**

| 橙色 | 橘黄色 | 太阳橙 | 蜂蜜色 | 杏黄色 |
|------|--------|--------|--------|--------|
| | #ea5520 | RGB（234，85，32） | | 生机勃勃 |
| | #ed6d00 | RGB（237，109，0） | | 美好 |
| | #f18d00 | RGB（241，141，0） | | 丰收 |
| | #f9c270 | RGB（249，194，112） | | 甜蜜 |
| | #e5a96b | RGB（229，169，107） | | 无邪 |

| 浅土色 | 浅茶色 | 驼色 | 棕色 | 咖啡色 |
|---|---|---|---|---|
| | #d3b78f | RGB（250，220，233） | 温和 | |
| | #c11920 | RGB（193，25，32） | 淳朴 | |
| | #b58654 | RGB（181，134，84） | 质朴 | |
| | #713b12 | RGB（113，59，18） | 安定 | |
| | #9e4f1e | RGB（106，79，35） | 坚实 | |

• **精彩案例分析**

蓝色属于冷色调

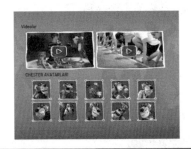

| 主色 | 辅色 |
|---|---|
| RGB（183，53，1） | RGB（9，45，67） |

| 主色 | 辅色 |
|---|---|
| RGB（245，130，37） | RGB（209，66，31） |

该网页由橙色、蓝色和紫色搭配，形成了鲜明的对比，给人在视觉上很强的冲击力。

与邻近色的暖色调相搭配，如同明媚的阳光，拥有较强的视觉冲击力。红色的点缀更能突出内容。

> 提示：鲜明的橙色总是给人以明快、活泼的感觉，令人振奋。它有着引人注目的能量，显得生机勃勃，是暖色系中的最温暖的色彩，常常用来作为标志色或者宣传色。

• **配色辞典**

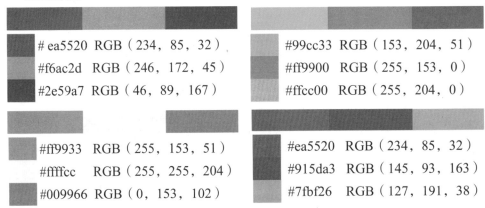

#ea5520 RGB（234，85，32）
#f6ac2d RGB（246，172，45）
#2e59a7 RGB（46，89，167）

#99cc33 RGB（153，204，51）
#ff9900 RGB（255，153，0）
#ffcc00 RGB（255，204，0）

#ff9933 RGB（255，153，51）
#ffffcc RGB（255，255，204）
#009966 RGB（0，153，102）

#ea5520 RGB（234，85，32）
#915da3 RGB（145，93，163）
#7fbf26 RGB（127，191，38）

### 1.4.3 黄色

黄色是灿烂、辉煌的色彩，黄色给人一种充满活力和温暖的感觉。黄色既象征着财富和权力，又象征着照亮黑暗之光，它是骄傲的颜色。黄色常用来警告危险或提醒注意，如工程用的大型机器、黄灯等。

- 黄色系

| 金盏花 | 铬黄色 | 月亮黄 | 茉莉 | 淡黄色 |
|---|---|---|---|---|
| | #f7ab00 | RGB（247，171，0） | 欢乐 | |
| | #fcd000 | RGB（252，208，0） | 生动 | |
| | #fff463 | RGB（255，244，99） | 智慧 | |
| | #f9c270 | RGB（249，194，112） | 柔和 | |
| | #ffeab4 | RGB（255，234，180） | 童话 | |
| 香槟黄 | 含羞草 | 象牙色 | 黄土色 | 咖啡色 |
| | #fff9b1 | RGB（255，249，177） | 闪耀 | |
| | #edd443 | RGB（237，212，67） | 幸福 | |
| | #b58654 | RGB（181，134，84） | 简朴 | |
| | #713b12 | RGB（196，143，0） | 温厚 | |
| | #b08827 | RGB（176，136，39） | 坚实 | |

- 精彩案例分析

| 主色 | 辅色 |
|---|---|
| RGB（155，195，26） | RGB（182，197，94） |

| 主色 | 辅色 |
|---|---|
| RGB（252，219，124） | RGB（86，142，7） |

　　使用鲜艳明亮的黄色作为底色，加上绿色作为点缀，给人一种耀眼的华丽感和一种活跃的视觉感。

　　该网页以渐变黄色为背景色，加上绿色的点缀，给网页增加了活力和生机勃勃的跃动感。

- 配色辞典

| | |
|---|---|
| #fff463 RGB（255，244，99） |
| #86c0ca RGB（134，192，202） |
| #99cd8d RGB（153，205，141） |

| | |
|---|---|
| #ffcc00 RGB（255，204，0） |
| #66cc00 RGB（102，204，0） |
| #ffff99 RGB（255，255，153） |

| | |
|---|---|
| #ffeab4 RGB（255，234，180） | #ffff99 RGB（255，255，153） |
| #f7c8cf RGB（247，200，207） | #99cc99 RGB（153，204，153） |
| #bfe0c3 RGB（191，224，195） | #666600 RGB（102，102，0） |

### 1.4.4 绿色

绿色是红色的补色，象征着生机、自然。在自然界中，植物大多呈现绿色，人们把绿色作为生命之色。大自然给了我们新鲜的氧气，而绿色也能使我们的心情变得格外明朗。当心中的抑郁需要解开或者需要找回宁静与安详的感觉时，回归大自然是最好的方法。

- **绿色系**

| 浅绿色 | 黄绿色 | 嫩绿色 | 苹果绿 | 翡翠绿 |
|---|---|---|---|---|
| | #c3e2cc | RGB（195，226，204） | | 稚嫩 |
| | #cfdc29 | RGB（207，220，41） | | 清新 |
| | #a9d06b | RGB（169，208，107） | | 快活 |
| | #9dc92a | RGB（157，201，42） | | 新鲜 |
| | #15ae67 | RGB（21，174，103） | | 希望 |

| 灰绿色 | 孔雀绿 | 浓绿色 | 橄榄绿 | 碧色 |
|---|---|---|---|---|
| | #71ae91 | RGB（113，174，145） | | 怀念 |
| | #008077 | RGB（0，128，119） | | 品格 |
| | #3c7d52 | RGB（60，125，82） | | 昂扬 |
| | #635a06 | RGB（99，90，6） | | 传统 |
| | #006550 | RGB（0，101，80） | | 温情 |

- **精彩案例分析**

在绿色中添加黄色，增强对比

| 主色 | 辅色 |
|---|---|
| RGB（83，94，0） | RGB（240，252，128） |

| 主色 | 辅色 |
|---|---|
| RGB（83，94，0） | RGB（250，250，250） |

绿色和白色搭配时，可以得到自然而清新的感觉。冷色调的绿色，能给人一种充满朝气的感觉。

使用不同明度和纯度的绿色进行配色，会使页面整体色调有流畅之美，表现出自然、舒适的页面氛围。

- **配色辞典**

| | |
|---|---|
| #3d7d53 RGB（61，125，83） | #339933 RGB（51，153，51） |
| #d9e473 RGB（217，228，115） | #99cc00 RGB（153，204，0） |
| #4dbbaa RGB（77，187，170） | #ffffcc　 RGB（255，255，204） |

| | |
|---|---|
| #3d7d53 RGB（51，153，51） | #15ae67 RGB（21，174，103） |
| #ffffff　 RGB（255，255，255） | # f6bed0 RGB（246，190，208） |
| #9933cc RGB（153，51，204） | # f08441 RGB（240，132，65） |

### 1.4.5　蓝色

　　蓝色的所在，往往是人类所知甚少的地方，如宇宙和深海，令人感到神秘莫测，而现代的人把它们作为科学探讨的领域，所以蓝色成为现代科学的象征色。它给人一种冷静、沉思、智慧的感觉，象征征服自然的力量。

- **蓝色系**

| 浅蓝色 | 水蓝色 | 蔚蓝色 | 孔雀蓝 | 湖蓝色 |
|---|---|---|---|---|
| | #e0f1f4 | RGB（224，241，244） | | 温馨 |
| | #71c7d4 | RGB（113，199，212） | | 清澈 |
| | #22aee6 | RGB（34，174，230） | | 爽快 |
| | #00a4c5 | RGB（0，164，197） | | 高贵 |
| | #85c6ce | RGB（133，198，206） | | 清爽 |

| 海蓝色 | 天蓝色 | 钻蓝色 | 宝蓝色 | 深蓝色 |
|---|---|---|---|---|
| | #71ae91 | RGB（113，174，145） | | 平静 |
| | #007bbb | RGB（0，123，187） | | 冷静 |
| | #005dac | RGB（0，93，172） | | 镇静 |
| | #1e50a2 | RGB（30，80，162） | | 格调 |
| | #004098 | RGB（0，64，152） | | 正派 |

- **精彩案例分析**

通过同一蓝色系的搭配使网页达到和谐统一

| 主色 | 辅色 |
|---|---|
| RGB（3，41，69） | RGB（103，201，249） |

| 主色 | 辅色 |
|---|---|
| RGB（1，118，161） | RGB（91，200，47） |

　　使用蓝色和明亮的天蓝色，营造出一种神秘的氛围，使浏览者感觉清凉、冷静。与同类色搭配，更能彰显出幽深的特征。

　　网页的背景由蓝色组成，加上绿色的点缀，给人一种清新、自然的印象，色调上面比较鲜明。

- **配色辞典**

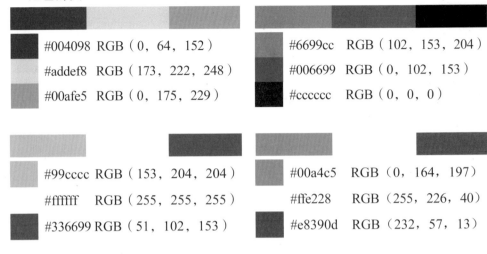

#004098 RGB（0，64，152）

#addef8 RGB（173，222，248）

#00afe5 RGB（0，175，229）

#6699cc RGB（102，153，204）

#006699 RGB（0，102，153）

#cccccc RGB（0，0，0）

#99cccc RGB（153，204，204）

#ffffff RGB（255，255，255）

#336699 RGB（51，102，153）

#00a4c5 RGB（0，164，197）

#ffe228 RGB（255，226，40）

#e8390d RGB（232，57，13）

### 1.4.6 紫色

在艺术家们的眼里，紫色通常都代表神秘、尊贵和高尚。紫色的这种特点，自古至今在很多领域都发挥着不可或缺的作用。它是个不可思议的色彩，单独使用可以表现出神圣感。然而，它与高纯度的暖色混合，又更能表现出华丽的效果。

- **紫色系**

| 紫色 | 紫藤色 | 古代紫 | 浅莲灰 | 丁香 |
| --- | --- | --- | --- | --- |
| | #71ae91 | RGB（146，61，146） | | 神圣 |
| | #7c509d | RGB（124，80，157） | | 智慧 |
| | #d0abbf | RGB（208，171，191） | | 依赖 |
| | #ede0e6 | RGB（237，224，230） | | 萌芽 |
| | #bba1cb | RGB（187，161，203） | | 清纯 |

| 薰衣草 | 香水草 | 三色堇 | 虹膜色 | 灰紫色 |
| --- | --- | --- | --- | --- |
| | #a688b1 | RGB（166，136，177） | | 品格 |
| | #6f186e | RGB（111，24，110） | | 高尚 |
| | #8b0062 | RGB（139，0，98） | | 思虑 |
| | #9373ad | RGB（147，115，173） | | 时尚 |
| | #9d899d | RGB（157，137，157） | | 神秘 |

- **精彩案例分析**

| 主色 | 辅色 |
|------|------|
| RGB（16，6，30） | RGB（173，153，180） |

| 主色 | 辅色 |
|------|------|
| RGB（42，35，103） | RGB（241，0，0） |

使用亮紫色与黑色进行过渡，突出网页时尚、神秘的效果，给人以新颖的感觉，更利于吸引浏览者。

该网页采用了高明度的色彩搭配，并融入了多元的色彩，表现出了丰富、开放的效果，令人感到轻松、愉快。

- **配色辞典**

#6f186e RGB（111，24，110）
#d2cce6 RGB（210，204，230）
#b979b1 RGB（185，121，177）

#333399 RGB（51，51，153）
#ccccff　RGB（204，204，255）
#cc99cc RGB（204，153，204）

#bba1cb RGB（187，161，203）
#f4b4d0 RGB（244，180，208）
#c9d9a4 RGB（201，217，164）

#923d92 RGB（146，61，146）
#269886 RGB（38，152，134）
#adc8c3 RGB（173，200，195）

## 1.4.7　黑、白、灰色

白色光是由全部可见光均匀混合而成的，称为全色光，是光明的象征。白色是明亮干净、朴素、雅致和纯洁的，没有强烈的个性。在生活中，只要光线或物体反射光的能力弱，事物都会呈现出黑色的面貌，因此，黑色即无光无色的颜色。灰色居于白色与黑色之间，属于无彩度或低彩度的色彩。

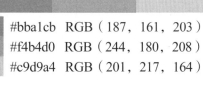

| 白色 | 黑色 | 灰色 |
|------|------|------|
| #ffffff | RGB（255，255，255） | 纯洁 |
| #000000 | RGB（0，0，0） | 浓郁 |
| #8b0062 | RGB（227，227，227） | 冷静 |

## 1　白色

白色经常被用来作为网页背景的颜色，它与任何颜色搭配在网页中都会非常和谐。它有很强烈的感召力，能够表现出如白雪般的柔和与纯洁。

15

- **精彩案例分析**

用绿色的渐变色来做点缀色

| 主色 | 辅色 | 主色 | 辅色 |
|------|------|------|------|
| RGB（255，255，255） | RGB（181，207，118） | RGB（255，255，255） | RGB（225，222，217） |

　　使用明灰和白色表现出一种时尚，整体配色模式给人一种干净、简约的感觉，流露出高贵、典雅的气息。

　　该网页以白色为背景色，制作出整洁的效果，用红色的文字作为点缀，使页面给人一种简单素朴的印象。

> **提示**：在设计中要活用白色，通过整体色调的统一表现出流畅的感觉。在以白色为主调的设计网页中，需要对网页中的文字和配图多下功夫，使整个网页能够协调统一。

## 2 黑色

　　黑色看起来很正式，可以演绎出高级感和神秘感，并伴随着庄严的厚重感，有着仿佛可以将人吸入黑暗中去的强烈吸引感。黑色作为背景的设计，可以令主题突出，起到收敛整体效果的作用。

- **精彩案例分析**

 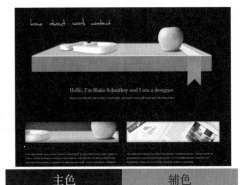

| 主色 | 辅色 | 主色 | 辅色 |
|------|------|------|------|
| RGB（0，0，0） | RGB（211，205，181） | RGB（0，0，0） | RGB（158，166，18） |

　　黑色能够表现出高雅的格调，将明暗对比的色彩放在一起，明亮的色彩会显得更亮。

　　网页背景的黑暗色调让人产生深沉、坚实的意象，少许亮色的加入让页面有动感。

提示：基于黑色的特征，在使用的时候比较适合将其作为陪衬色，突出主题和其他色彩的主角地位。

## 3　灰色

灰色是一种复杂的颜色，使用优质原料精心配制才能产生漂亮的灰色，只有具有较高文化艺术知识与审美能力的人，才乐于欣赏。它给人以含蓄、耐人寻味、精致和高雅的印象。因此，常常被用来作为配色，衬托出其他颜色的张扬与大胆。

- **精彩案例分析**

| 主色 | 辅色 |
|------|------|

RGB（88，95，113）　RGB（201，204，213）

灰色根据明度的不同，可以给人不同的感觉，深灰色到浅灰色的配色，可以给人很强的质感。

| 主色 | 辅色 |
|------|------|

RGB（219，219，219）　RGB（226，152，55）

页面的背景使用了灰色，让人有一种雅致、清闲的印象，橙色的加入引人注目，新鲜感增强。

提示：在灰色中添加一些蓝色，可以强化谦逊、冷静的感觉，表现出敏锐的感觉。在灰色中加入温暖的红色和黄色，可以突出灰色的温和、平静与柔和。根据配色和主题，可以表现出多种效果是温暖系列灰色的特长。

## 1.5　网页色彩搭配的基础

一个网站设计成功与否，在某种程度上取决于设计者对色彩的应用。所以，在设计网页时，我们必须要高度重视色彩的搭配。

### 1.5.1　网页配色的注意事项

用户在浏览网页时，单调的网页会使用户感到乏味无趣，过多的网页配色也会使网页太过复杂和花哨，所以我们在进行网页配色时，应考虑以下特点。

（1）在制作网页过程中，主要颜色尽量控制在 3 ~ 4 种，如下图所示。

| 主色 | 辅色 | 点缀色 |
|------|------|--------|

RGB（172，189，23） RGB（99，47，25） RGB（58，91，0）

页面色彩控制在合理的数量。主要颜色不要多于4种，色彩面积比例分配要合理，使页面协调、统一，背景图案单一。

（2）网页的背景与内容文字对比性增强，重点要突出网页中的文字内容，尽量不要使用花纹繁复的图案作为背景，如下图所示。

| 主色 | 辅色 |
|------|------|

RGB（58，30，18） RGB（233，1，1）

页面背景使用了明度较低的深棕色，使页面比较灰暗，但是文字使用明度较高的颜色，使内容突出。

> 提示：网页中的色彩较多，导致浏览者的注意力分散，多彩的网页会给人一种眼花缭乱无焦点的感觉。

### 1.5.2　灵活应用配色技巧

上节提到，为网页配色时，使用颜色最好不超过4种，过多的颜色会造成页面的杂乱，让人没有侧重点。一个网页必须确定一种或者两种主题色。在选择辅助色时，需要考虑配色与主题色之间的关系，这样才能使网页的色彩搭配更加美观、和谐。

- **精彩案例分析**

| 主色 | 辅色 |
|------|------|

RGB（146，223，241） RGB（81，148，191）

使用同色系进行搭配时，通过改变不同的明度和饱和度来对网页不同区域进行划分。

| 主色 | 辅色 |
|------|------|

RGB（191，162，82） RGB（143，139，32）

网页背景使用了明度较高的颜色，黄色和绿色的加入使整个页面充满舒适和温暖感。

### 1.5.3　避免配色的混乱

网页在配色时，颜色过多会导致活力过强，破坏页面的配色效果，呈现混乱的局面。

每个网页页面的颜色都有主色和辅色之分，减弱可以收敛的辅色，留下要突出的主色色调，这样网页的主题就会鲜明起来，不至于在混杂的配色情况下喧宾夺主。

> **提示:** 将色相、明度和纯度的差异缩小，彼此靠近，就能避免出现混乱的配色效果，在沉闷的配色环境下可以增添配色的活力，在繁杂的环境下使用统一的配色，这是配色的两个主要方向。

## 1.6　网页色彩搭配的常见问题

在制作网页过程中，虽然在初期掌握了一些色彩的理论，但在实际操作中进行配色时，难免会出现一些问题，觉得配色不够完美。下面我们对在制作网页配色中会遇到的问题进行总结和归纳。

### 1.6.1　培养色彩的敏感度

色彩是更趋向感性的，它需要你用心去体会。想要提高对色彩的敏感度，对色彩运用自如，不单单只靠敏锐的审美观，还要注意平常多收集和记录，一样能培养出敏锐的色彩感。

在收集过程中，依照红、橙、黄、绿、蓝、紫、黑、白、灰、金、银等不同的色系分门别类保存，整理出最好的色彩库，需要配色时，可以在色彩库中找到适当的色彩，下图所示为充满活力的配色。

| 主色 | 辅色 |
| --- | --- |
| RGB（213，203，194） | RGB（180，193，2） |

嫩绿色是一种明亮的绿色，呈现出比较活泼的愉悦感，体现出阳光照射一般的温暖和舒适。

色彩的明暗度也很重要，色相的协调虽然重要，但是没有明暗度的差异，配色也不会很完美。在收集材料时，可以测量它的亮度，记录该素材最接近的亮度值，如下图所示。

| 主色 | 辅色 |
|------|------|
| RGB（59，214，216） | RGB（2，38，40） |

　　该网页使用明度较暗的蓝色和浅蓝色作为网页的主调色。通过白色点缀的应用，使整个网页清爽、自然。

### 1.6.2　通用配色理论是否适用

　　很多网页设计已经不能使用原先的配色原则去套用，特立独行的风格形象更令人印象深刻。我们应该尝试风格新鲜的网页配色，不要被传统配色所束缚，这是因为时代变迁带动人们的观念也发生变化，不同色彩搭配在一起，能够创造出与众不同的视觉感。

> **提示：** 互补配色方案是通过将色轮上对立面的颜色相融合来创建的。这些配色方案最基本的形式是仅由两种颜色构成，但是可以很容易通过色调、浅色和阴影色的形式扩展。使用彼此相邻的具有相同色度或者明度但又完全相反的颜色的搭配方式，可能看起来会很不和谐，从严格意义上来说，它们的边界看起来会很刺眼。因此最好通过在它们之间留白，或者在它们之间加入另一个过渡色来避免这种情况。

● **精彩案例分析**

| 主色 | 辅色 |
|------|------|
| RGB（225，158，129） | RGB（62，48，73） |

| 主色 | 辅色 |
|------|------|
| RGB（65，140，58） | RGB（206，185，138） |

　　该网页使用粉色和紫色颜色相搭配，色相差较大，使得整个网页紧凑而有张力。

　　墨绿色给人以神秘的感觉，透露出古典时代的气息，加入少量的黑色，让页面有了一种稳重的感觉。

　　在了解了配色的原则之后，我们能够跳出过去配色的一种局限，但不是完全摆脱传统的配色模式。传统配色就是能在视觉上直接传达它要表达的主题，含义明确，带给人的感受往往是比较鲜明的。

• **精彩案例分析**

| 主色 | 辅色 |
|---|---|

RGB（168，202，19）RGB（154，117，0）

| 主色 | 辅色 | 点缀色 |
|---|---|---|

RGB（246，164，0）RGB（255，92，0）　RGB（0，0，0）

　　黄绿色到绿色的渐变颜色作为网页的主色调，让人感觉充满生命力，简约随意的图像搭配，给人愉快的印象。

　　该网页背景是由红橙色和橙色这对相似色相组成的，页面色调对比统一、协调，体现出快乐和活泼的感觉。

### 1.6.3　配色时选择双色和多色组合

　　单个颜色的明暗度组合，给人的统一感会很强，容易让人产生印象，如下图所示。双色组合会使颜色层次明显，让人一目了然，产生新鲜感。多色会使人产生愉悦感，更容易让人接受。多色配色一般原则为：大色块色彩搭配不超过 3 种。

| 主色 | 辅色 |
|---|---|

RGB（120，142，183）　RGB（201，126，0）

　　页面以蓝色渐变为主调色，给人一种明亮、愉快的感觉，黄色的加入也给页面注入一股活力。

　　如果想让人产生新奇感、科技感和时尚感，那么就应该采用特殊的色彩来搭配，如金色、银色，网页就能够产生吸引人的效果，如下图所示。

| 主色 | 辅色 |
|---|---|

RGB（29，10，3）　　RGB（252，245，131）

　　该网页中使用明度较高的黄色、橙色和绿色来做辅助色，橙色是充满朝气和活泼的色彩。

色彩间对比视觉冲击强烈，就容易吸引用户注意，使用时可以大范围搭配。多色对比给人丰富饱满的感觉，色彩搭配协调会使页面非常精致，模块感强烈。在色彩色相对比、色彩面积对比方面，只要保持一定的比例关系，页面也能整齐有序。

- **精彩案例分析**

| 主色 | 辅色 |
|---|---|
| RGB（159，8，8） | RGB（0，0，0） |

| 主色 | 辅色 |
|---|---|
| RGB（194，195，76） | RGB（214，59，63） |

红色为主题色，是一种鲜艳的颜色，象征着温暖，使用大红色和深红色相搭配，可以体现出兴奋和激情的印象。

清新而自然的绿色系色调常常带来新鲜和欣然神往的联想，它与不同浓度的黄绿色进行搭配，可以产生新鲜感。

### 1.6.4　尽可能使用两至三种色彩搭配

网页在配色时多色的组合能让人产生愉悦，但是考虑到人的眼睛和记忆只能存储两至三种颜色，色彩过多时可能会使页面显得较为复杂、分散。相反越少的色彩搭配能在视觉上让人产生印象，也便于设计者的合理搭配，更容易让人接受，下图所示为两至三种色彩的搭配。

| 主色 | 辅色 |
|---|---|
| RGB（138，173，21） | RGB（44，61，16） |

| 主色 | 辅色 |
|---|---|
| RGB（62，22，10） | RGB（0，0，0） |

该网页主要运用了大面积的绿色做背景，绿色可以让人感到清新自然，更能带给人一种凉爽的感觉。

该网页主色运用了大面积的棕色和黑色调。黑色使得整个页面显得庄重，给人变化无常的感觉。

### 1.6.5　如何快速实现完美的配色

在给网页配色时，试着想象某个具体物体的色彩印象。从物体色彩出发，如果想表现出一种清凉舒适的感觉，可以联想到植物、水以及其他有生机和活力的东西，这样在脑海中出现的代表色彩有绿色、蓝色和白色，然后可以把这些颜色挑选出来加以运用，如下图所示。

| 主色 | 辅色 |
|---|---|
| RGB（31，211，228） | RGB（43，133，160） |

　　蓝天、白云这些都是大自然中的色彩，将其应用到网页配色中，使网页体现自然和舒适的感觉。

　　选定色彩时，确定一个页面的主色调，再配一两个辅助色，如果想要呈现出一种沉重、冷静的效果，应该以冷色调中的蓝色为主，如下图所示。

| 主色 | 辅色 |
|---|---|
| RGB（56，127，165） | RGB（2，23，48） |

　　该页面的主色调为蓝色，使用同色系的蓝色进行色彩搭配，使页面显得清新、自然。

　　搭配色彩时，颜色的面积、比例和位置稍有不同时，整体的效果带给人们的感觉也不相同，在制作时可以考虑多种配色组合，挑选最佳色彩搭配，如下图所示。

| 主色 | 辅色 |
|---|---|
| RGB（129，9，98） | RGB（231，149，11） |

　　使用大面积的紫色和橙色作为背景色，搭配的比例不同，主要突出紫色部分的内容。

## 1.7　培养色彩搭配的感觉

　　没有一种单一的设计元素会比颜色效果更能吸引人。颜色能够吸引人的注意力，表达一种情绪，能传达一种潜在的信息，那么什么样的颜色搭配才是最适合的呢？关键是颜色之间的关系。本节将具体介绍。

### 1.7.1 基于色相的配色关系

以色相环中的颜色为基准进行颜色搭配分析，如果采用了不同色调的色相进行搭配，则称为同一色相配色，如果采用邻近色进行搭配，则称为类似色配色，如下图所示。

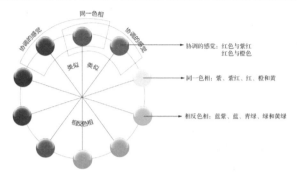

类似色相是指在色相环中相邻的两种色相。同一色相配色与类似色相的配色在总体上给人一种统一、安静和协调的感觉。如鲜红色旁边使用暗红色时，给人一种整齐的感觉，如下图所示。

| 主色 | 辅色 |
| --- | --- |
| RGB（154，22，18） | RGB（54，2，11） |

该网页使用了同一色相进行配色，暗红色和黑色的背景，加上深红色的导航条，给人一种统一的感觉。

位于红色对面的蓝绿色为红色的补色，它们颜色是完全相反的。在以红色为基准的色相环中，黄绿色到蓝紫色之间的颜色为红色的相反色调。搭配使用色相环中距离较远的配色方案就是相反色相的配色，如下图所示。

| 主色 | 辅色 |
| --- | --- |
| RGB（11，71，81） | RGB（238，27，34） |

该网页中的配色使用了类似色的配色，使用了蓝绿色，整体给人一种安静的感觉。加入红色作为点缀，突出文字效果。

### 1.7.2 基于色调的配色关系

图像的基本色调为"苍白"色调。同一色调配色是指选择同一色调不同色相颜色的配色方案，如使用"鲜红色（Vivid Red）"与"鲜黄色（Vivid Yellow）"的配色方案，如下图所示。

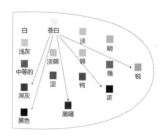
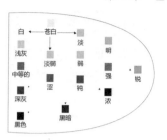

色调基本分为类似色调和相反色调，具体如下所示。

类似色调配色是指使用如"清澈""灰亮"等类似基准色调的配色方案，这些色调在色调表中比较靠近基准色调。

| 主色 | 辅色 |
| --- | --- |
| RGB（49，119，181） | RGB（107，124，12） |

　　该网页由蓝色和绿色组成，给人一种清新、自然的印象。色调比较鲜明，给人一种轻松、愉悦的感觉。

- **配色辞典**

#99cc00 RGB（153，204，0）
#ccff00 RGB（204，255，0）
#cccc00 RGB（204，204，0）

#99cccc RGB（153，204，204）
#66cccc RGB（102，204，204）
#339999 RGB（51，153，153）

#9373ad RGB（147，115，173）
#cfa7cd RGB（207，167，205）
#757cbb RGB（117，124，187）

#87c9a1 RGB（135，201，161）
#4caf8e RGB（76，175，142）
#008077 RGB（0，128，119）

　　相反色调着重点在于色调的变化，它主要通过对同一色相或类似色相设置不同的色调得到不同的颜色效果。基于色调的配色方案的优点在于，通过使用同一色相或类似色相尽可能地减少色相使用范围。

　　相反色调配色是指使用"深暗""黑暗"等与基准色调相反色调的方案，这些色调远离基准色调。通过使用多种不同的亮色调，可以制作出具有鲜明对比感的效果。而使用多种不同的暗色调，可以制作出冷静温和的效果，如下图所示。

| 主色 | 辅色 |
|---|---|
| RGB（154，171，26） | RGB（238，176，179） |

该网页使用了橙色与绿色搭配，突出网页中心点的内容，色相之间的对比给人一种鲜明的印象。

• 配色辞典

#d8c7d9 RGB（216，199，217）

#ebe5d1 RGB（235，229，209）

#bbcce2 RGB（187，204，226）

#e72420 RGB（231，36，32）

#a9d06b RGB（169，208，107）

#00a95f RGB（0，169，95）

#fadce9　RGB（250，220，233）

#81cde4　RGB（129，205，228）

#a59aca　RGB（165，154，202）

#39278b　RGB（57，39，139）

#fdd000　RGB（253，208，0）

#ed6d00　RGB（237，109，0）

### 1.7.3　渐变配色

渐变配色方案是以颜色的排列为主，浏览其他网站时，每个网页几乎都会有渐变的配色实例，按照一定规律逐渐变化的颜色，会留给人一种富有较强的韵律的感受，渐变可以分为色调渐变和色相渐变，如下图所示。

> 提示：渐变色彩搭配的配色原则有 7 种：（1）色调配色；（2）近似配色；（3）渐进配色；（4）对比配色；（5）单重点配色；（6）分割式配色；（7）夜配色。

| 主色 | 辅色 |
|---|---|
| RGB（102，192，219） | RGB（76，39，33） |

使用渐变色为网页的背景色，色彩的过渡变化让网页有一种律动感，活力增强。

- 配色辞典

| | | |
|---|---|---|
| #669900 | RGB（102，153，0） |
| #99cc00 | RGB（153，204，0） |
| #b979b1 | RGB（204，255，0） |

| | | |
|---|---|---|
| #996699 | RGB（153，102，153） |
| #cc99cc | RGB（204，153，204） |
| #cc99cc | RGB（255，204，255） |

| | | |
|---|---|---|
| #993333 | RGB（153，51，51） |
| #ff9900 | RGB（255，153，0） |
| #ffff00 | RGB（255，255，0） |

| | | |
|---|---|---|
| #336699 | RGB（51，102，153） |
| #6699cc | RGB（102，153，204） |
| #66ccff | RGB（102，204，255） |

### 1.7.4 相反色相、类似色调配色

虽然使用了相反的色相，但是通过使用类似的色调可以得到特殊的配色效果。而影响这种配色方案效果的最重要的因素在于使用的色调。这种配色方案是采用相反色相类似的色调，如下图所示。

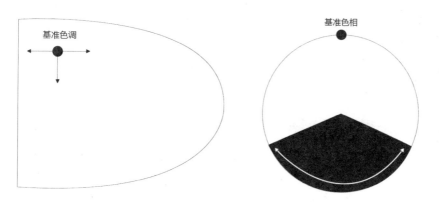

**1** 相反色相、类似色调配色

当用户使用了比较鲜明的色调时，所使用色相效果将被突出。使用相反色相搭配会得到较强的搭配效果；同时还可以采用类似色调的搭配，使得搭配效果整体上和谐统一，又主题明确。

**2** 相反色相、类似色相配色的特点总结

相反色相、类似色相配色可以获得稳定的变化效果。

（1）邻近色相与类似色调配色：稳重、宁静的感觉。

（2）补色与相反色相配色：强烈而鲜明的效果。

- 精彩案例分析

| 主色 | 辅色 |
|---|---|
| RGB（48，161，217） | RGB（230，112，14） |

| 主色 | 辅色 |
|---|---|
| RGB（14，30，53） | RGB（127，48，1） |

网页以蓝色渐变为背景，蓝色的背景让人感到沉重、冷静。加上绿色，流露出大自然的悠然自得的心境。

背景中的蓝色与黄色形成了鲜明的对比，由于色调相同，所以网页给浏览者的整体感觉是协调、平衡的。

- 配色辞典

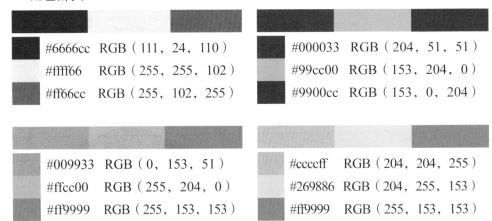

| | |
|---|---|
| #6666cc RGB（111，24，110） | #000033 RGB（204，51，51） |
| #ffff66 RGB（255，255，102） | #99cc00 RGB（153，204，0） |
| #ff66cc RGB（255，102，255） | #9900cc RGB（153，0，204） |

| | |
|---|---|
| #009933 RGB（0，153，51） | #ccccff RGB（204，204，255） |
| #ffcc00 RGB（255，204，0） | #269886 RGB（204，255，153） |
| #ff9999 RGB（255，153，153） | #ff9999 RGB（255，153，153） |

### 1.7.5 相反色相、相反色调配色

相反色相和相反色调进行网页配色的方案，因为采用了不同的色相和色调，所以得到的效果具有强烈的变化感和巨大的反差性以及鲜明的对比性。网页配色时，这种配色方案的效果取决于所选颜色在整体画面的所占比例，如下图所示。

> 提示：当使用了彩度比较高的鲜明色调时，所使用色相效果将被突出从而得到较强的动态效果；当使用了彩度较低的黑暗色调时，即使使用了多种不同的色相也能够得到较安静沉稳的效果。

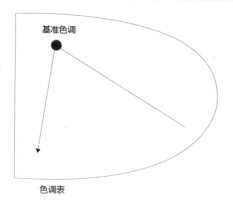

### 1　相反色相、相反色调配色

相反色相、相反色调配色方案的特点：静态的变化效果。

（1）补色与相反色相配色：强调效果，轻快的气氛。

（2）类似色相配色：整齐、安静的感觉。

### 2　相反色相、相反色调配色的特点总结

相反色相、相反色调配色的特点：变化感和逆向性。

（1）需要根据颜色的色相与色调调整所占比例的大小。

（2）配色是需要根据颜色的色调和色相的调整去判断所占页面比例的大小。

· 精彩案例分析

| 主色 | 辅色 |
|---|---|
| RGB（254，218，122） | RGB（37，37，37） |

| 主色 | 辅色 |
|---|---|
| RGB（227，144，50） | RGB（203，198，46） |

　　该网页以黄色为背景，与暖色搭配，色调一致，给人知性、和谐的感觉。中性色的使用，既丰富了页面效果，又突出页面主体。

　　该网页以橙色为背景，与冷色调系列搭配可以彰显出自然的氛围，使用户感受到活力和生机勃勃的跃动感。

29

• **配色辞典**

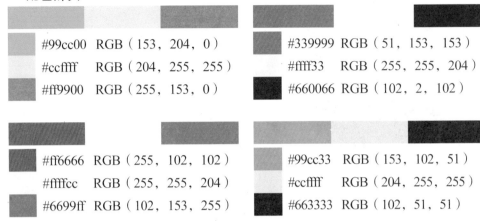

| | |
|---|---|
| #99cc00　RGB（153，204，0） | #339999　RGB（51，153，153） |
| #ccffff　　RGB（204，255，255） | #ffff33　　RGB（255，255，204） |
| #ff9900　RGB（255，153，0） | #660066　RGB（102，2，102） |
| #ff6666　RGB（255，102，102） | #99cc33　RGB（153，102，51） |
| #ffffcc　　RGB（255，255，204） | #ccffff　　RGB（204，255，255） |
| #6699ff　RGB（102，153，255） | #663333　RGB（102，51，51） |

### 1.7.6　同一或类似色相、类似色调配色

使用同一或类似色相的同时使用类似色调的配色方案，在所有配色方案中能够营造出冷静整齐的感觉，如下图所示。

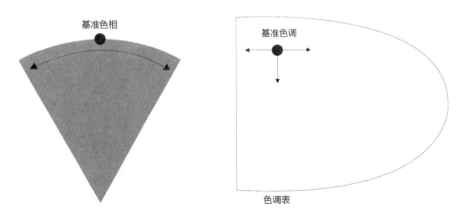

**1**　**同一或类似色相、类似色调配色**

类似色相、类似色调配色方案的特点：理性、整齐、冷静而简洁的效果。
（1）选择了极为鲜艳的色相，那么将会给人一种强烈的视觉变化。
（2）类似的色相能够表现出画面的细微变化。

**2**　**类似色相、类似色调配色的特点总结**

类似色相、类似色调配色主要是基于色调的变化进行配色的方法。
（1）亮色调在网页中能带来鲜明的对比。
（2）暗色调在网页中带来冷静的理性感觉。

- **精彩案例分析**

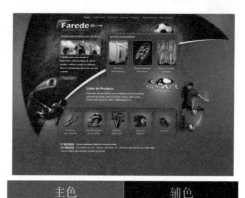

| 主色 | 辅色 |
|---|---|

RGB（99，24，1）　　RGB（31，23，20）

| 主色 | 辅色 |
|---|---|

RGB（13，102，22）　　RGB（3，17，4）

红色背景给人视觉的冲击，融入一些暗红色，使红色虽然热烈但不刺眼，变得柔和一些。

大面积地使用绿色给人一种老练、成熟的感觉，加入一些红色和黑色，使得整个画面的主题更加突出。

- **配色辞典**

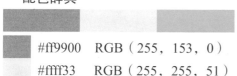

#ff9900　RGB（255，153，0）
#ffff33　RGB（255，255，51）
#99cc33　RGB（153，204，51）

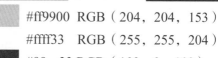

#ff9900 RGB（204，204，153）
#ffff33　RGB（255，255，204）
#99cc33 RGB（102，2，102）

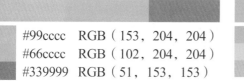

#99cccc　RGB（153，204，204）
#66cccc　RGB（102，204，204）
#339999 RGB（51，153，153）

#99cc00　　RGB（153，204，0）
#ccff00　　RGB（204，255，0）
#cccc00　　RGB（204，204，0）

## 1.7.7　同一或类似色相、相反色调配色

这种网页配色方案主要是指使用同一或类似的色相，但使用不同的色调进行配色，它的效果就是保持页面的统一性、整齐性，很好地突出页面的局部效果，如下图所示。

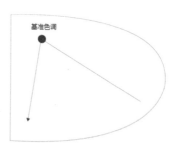

**1** 类似色相、相反色调配色

类似色相、相反色调的配色方案的特点：冷静整齐、安详宁静的感觉。

（1）配色能够表现出细微不同的感觉。

（2）结合明度和纯度来进行搭配。

**2** 类似色相、相反色调配色的特点总结

类似色调、相反色调配色基于色调的变化进行配色的方法

（1）保持整齐、统一感的同时做到更好的局部，突出效果。

（2）配色时色调差异越大，突出的效果就越明显。

- **精彩案例分析**

| 主色 | 辅色 | 主色 | 辅色 |
|---|---|---|---|
| RGB（10, 108, 109） | RGB（201, 231, 239） | RGB（193, 203, 132） | RGB（238, 154, 158） |

整体页面中使用低纯度的蓝绿色来表现大海的一种清澈与凉爽，使页面给人以清爽大方的印象。

不同色调的搭配组合，配以明度和纯度不同的变化，使得画面的色彩丰富，使页面突出了蛋糕的效果。

- **配色辞典**

| #66cc99 | RGB（153, 204, 0） |
|---|---|
| #003300 | RGB（0, 51, 0） |
| #00ffcc | RGB（0, 255, 204） |

| #ffff99 | RGB（255, 255, 153） |
|---|---|
| #ff9900 | RGB（255, 255, 204） |
| #666600 | RGB（102, 102, 0） |

| #003399 | RGB（0, 51, 153） |
|---|---|
| #ccccff | RGB（204, 204, 205） |
| #336699 | RGB（51, 102, 153） |

| #9900cc | RGB（153, 0, 204） |
|---|---|
| #ccccff | RGB（204, 204, 255） |
| #660099 | RGB（102, 0, 153） |

# 第2章　网页设计配色基础

在网页设计中，色彩有非常重要的地位，一个网站是否成功，在某种程度上取决于设计师对色彩的运用和搭配。一个网站给浏览者留下的第一印象，不是丰富的内容，也不是合理的版面布局，而是网页的色彩搭配。所以，我们在设计制作网页时，必须高度重视网页中的色彩搭配。

## 2.1 色彩在网页视觉设计中的作用

色彩是自然美、生活美的重要组成部分。网页色彩设计是遵循科学与技术的内在关系，对色彩进行极富创意化和理想化的组合过程，是伴随着理性与感性的创作过程。

### 2.1.1 突出网页主题

设计作品成功的必要条件是网页传递的信息内容与传递方法应该是相互统一的。网页中不同的内容需要用不同的色彩来表现，利用不同色彩的表现力、情感效应及审美心理感受，可以使网页的内容与形式有机地结合起来，以色彩的内在力量来烘托主题、突出主题，如下图所示。

| 背景色 | 主色 |
|---|---|
| RGB（81，44，25） | RGB（242，220，196） |

| 背景色 | 主色 |
|---|---|
| RGB（6，2，1） | RGB（61，31，3） |

网页背景色和主题色一深一浅，深色的背景色衬托浅色的主题色，很好地突出了页面的主题，同时显得页面干净整洁又不失雅致。

网页整体用色均是深色，同时从背景色到页面主体内容的用色也是由深到浅，使浏览者可以清晰地分辨主次，突出了主题。

### 2.1.2 划分视觉区域

网页的首要功能是传递信息，而色彩正是创造有序视觉信息流程的重要元素。视觉设计中的常用方法是，利用不同的色彩划分视觉区域，在网页界面设计中同样如此。利用颜色进行划分，可以将不同类型的信息分类排布，并利用各种颜色带给人的不同心理效果，很好地区分出主次顺序，从而形成有序的视觉流程，如下图所示。

| 辅色 | 辅色 |
|---|---|
| RGB（169，191，188） | RGB（231，231，203） |

| 辅色 | 辅色 |
|---|---|
| RGB（70，178，51） | RGB（228，231，212） |

浏览者可以看到，网页明显被墨蓝、墨绿和黑色划分成墨蓝色的上半部分、墨绿色的下半部分和突出的黑色部分。

浏览者可以看到，鲜艳的绿色方块将网页划分为不同的信息区域，更便于浏览者浏览网页。

> **提示：** 网页中的信息不仅数量多，而且种类繁杂，我们往往在一个页面中可以看到众多信息，特别是门户型或综合型网站更是如此，这就涉及了信息分布及排列的问题。

### 2.1.3　吸引浏览者目光

在网络上有不计其数的网页，即使是那些已经具有规模和知名度的网站，也要考虑网页如何能更好地吸引浏览者的目光。那么如何使我们的网页能够吸引浏览者驻足呢？这就需要利用色彩的力量，不断设计出各式各样的网页界面，来满足更多的浏览者。

网页中的色彩应用，可以含蓄优雅、动感强烈、时尚新颖或单纯有力，无论采用哪种形式都是为了一个明确的目标，即引起更多浏览者的关注，下图所示为以不同渐变色为背景色的网站。

修改前

修改后

| 辅色 | 辅色 |
|---|---|
| RGB（239，166，228） | RGB（144，212，231） |

| 辅色 | 辅色 |
|---|---|
| RGB（30，190，222） | RGB（133，113，236） |

网页的背景色采用了两种由纯色到透明的渐变色，使网页变得更加丰富多彩，这样更容易吸引住浏览者的目光。

同样的网页背景采用了三种渐变色，使网页看起来更加绚丽多彩，加上黑白图像的对比，使网页更加酷炫。

> **提示：** 由于色彩设计的特殊性能，越来越多的网页 UI 设计师认识到，一个网站的网页拥有突出的色彩设计，对于网站的生存起着至关重要的作用，也是迈向成功的第一步。

### 2.1.4　增强网页艺术性

色彩既是视觉传达的方式，又是艺术设计的语言。色彩对于决定网页作品的艺术品位具有举足轻重的作用，不仅在视觉上，而且在心理作用和象征作用中都可以得到充分的体现。好的色彩应用，可以极大地增强网页的艺术性，也使得网页更富有艺术感，如下图所示。

| 背景色 | 主色 |
|---|---|

RGB（123，102，59） RGB（221，194，151）

| 背景色 | 主色 |
|---|---|

RGB（89，36，32） RGB（220，203，157）

　　褐色的背景色搭配浅黄色主题色，加上书本式的图形，使整个网页看起来富有书卷气息，极大地增强了网页的艺术性。

　　红色的背景色加上黄色的主题色，搭配纸张式的图形，使整个页面看起来富有怀旧感，同时极大地增强了网页的艺术感。

## 2.2　色彩的联想作用与心理效果

　　认识色彩，除了客观方面的理论外，还有主观方面的因素，不同波长色彩的光信息作用于人的视觉感官，通过视觉神经传入大脑后，经过思维，根据以往的经验或记忆产生联想，从而形成心理反应。

### 2.2.1　色彩的软硬

　　色彩的软硬主要来自色彩的明度，但与纯度也有一定的关系。明度越低给人的感觉越硬，反之，明度越高则给人的感觉越软，如下图所示。

| 主色 | 辅色 |
|---|---|

RGB（0，0，0） RGB（147，134，100）

| 主色 | 背景色 |
|---|---|

RGB（255，255，255） RGB（233，233，233）

　　黑色主题页颜色明度较低，整个页面风格比较硬，给人的印象会显得端庄神秘，又有暖色加入以点染页面。

　　白色页面色彩明度较高，纯度低，给人一种明亮、愉快的感觉。紫色和灰色的加入更给页面注入了一股活力。

> **提示**：明度高，纯度低的色彩有软感，中纯度的色彩也呈现柔软感。高纯度和低
> 纯度的色彩都呈现出硬感，如果它们的明度也低，则硬感更明显。

## 2.2.2　色彩的冷暖

　　一般来说，网页通过表面色彩给人传递信息。自然界的冷暖由人们的感觉器官触摸物体得以分辨，而网页中的冷暖则由被赋予了不同意义的色彩来传递，如下图所示。

| 背景色 | 主色 |
|---|---|
| RGB（10，107，123） | RGB（121，224，229） |

| 主色 | 辅色 |
|---|---|
| RGB（247，148，29） | RGB（171，86，6） |

　　页面中蓝色背景占据主导地位，青色的图片修饰页面，会使浏览者有一种严肃、冰凉的感觉。

　　以橘黄色页面为主，搭配棕色作为点缀，给人一种热情、轻松的感觉，尤其吸引浏览者的目光。

> **提示**：红色、橙色、黄色等颜色使人联想到阳光、烈火，故称为"暖色"。绿色、
> 青色、蓝色等颜色与黑夜、寒冷有关，故称为"冷色"。

页面背景
为黄色 →

| 主色 | 辅色 |
|---|---|
| RGB（246，238，201） | RGB（243，223，152） |

　　黄色为页面背景色，颜色明度虽然较低但是给人一种温暖的感觉，页面的布局也使人感到轻松愉悦。

> **提示**：红色给人以积极、跃动、温暖的感觉。蓝色给人以冷静、消极的感觉。绿
> 色与紫色是中性色，刺激小，效果介于红色与蓝色之间。中性色彩使人产生休憩、轻松
> 的情绪，可以避免产生疲劳感。

## 2.2.3　色彩的轻重

　　各种色彩带给人们的轻重感各不相同，从色彩中得到的重量感，是质感与色感的复合感觉，而且色彩的轻重主要与色彩的明度有关，如下图所示。

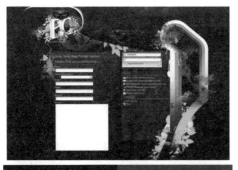

| 背景色 | 主色 |
|---|---|
| RGB（1，31，38） | RGB（54，84，26） |

| 背景色 | 辅色 |
|---|---|
| RGB（189，210，255） | RGB（255，227，73） |

页面整体以墨蓝色为背景，厚重感扑面而来，虽然页面中也加入了红色和绿色来加以调节，然而并不能减少页面的厚重感。

青色的背景搭配若隐若现的云彩，使得整个页面活泼而不失秩序，使浏览者可以在放松的状态下轻松阅读整个页面。

> **提示：** 明度高的色彩使人联想到蓝天、白云、棉花等物体，让人产生轻柔、漂浮、上升、敏捷、灵活等感觉。

明度低的色彩容易使人联想到钢铁、大理石等深色系的物体，会使人产生沉重、稳定、降落等感觉。用户可以通过明度低的色彩制作具有厚重感的网页，如下图所示。

| 背景色 | 主色 |
|---|---|
| RGB（6，26，14） | RGB（96，120，98） |

背景的深色调给人一种神秘、隐藏的感觉，明度低的青色让人感受到来自大理石的厚重感与承重感。

> **提示：** 浅色密度小，有一种向外扩散的运动感，所以给人质量轻的感觉。深色密度大，则会给人一种内聚感，从而产生分量重的感觉。

### 2.2.4 色彩的前后

各种不同波长的色彩在人眼视网膜上的成像有前后之分，红色、橙色等光波长的颜色在视网膜之后成像，感觉比较迫近，蓝色、紫色等光波短的颜色则在视网膜之前成像，在同样的距离内就感觉比较后退，这实际上是一种视觉错觉，如下图所示。

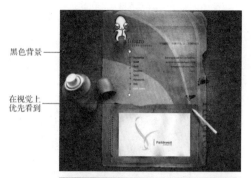

黑色背景

在视觉上
优先看到

| 背景色 | 主色 |
|---|---|
| RGB（38，38，38） | RGB（223，117，58） |

　　在黑色背景的衬托下橙色的主体部分具有向前突起的感觉，在浏览者注意到页面时，首先就被具有前进感的主体内容吸引了目光。

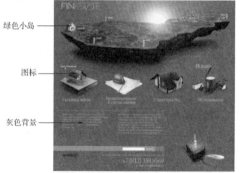

绿色小岛

图标

灰色背景

| 主色 | 背景色 |
|---|---|
| RGB（99，136，31） | RGB（104，103，99） |

　　在低明度色灰色的大背景下，浏览者会感到从房子图标到绿色小岛具有逐渐后退的距离感。

　　提示：一般暖色、纯色、高明度色、强烈对比色、大面积色、集中色等有前进的感觉；相反，冷色、浊色、低明度色、弱对比色、分散色等有后退的感觉。

## 2.2.5　色彩的大小

　　由于色彩有前后的感觉，因此暖色、高明度颜色等有扩张、膨胀感；冷色、低明度颜色等有显小、收缩感，如下图所示。

从四周到
中心具有
收缩感

| 背景色 | 主色 |
|---|---|
| RGB（62，48，39） | RGB（140，109，91） |

| 主色 | 背景色 |
|---|---|
| RGB（254，189，23） | RGB（255，255，255） |

　　页面上半部分的色调偏暗，由四周的深褐色逐渐到中心的浅褐色，使页面中心内容得到了极大收缩，突出了页面的内容。

　　在白色背景下的页面，使用了高明度颜色黄色作为主色，使得整个页面中心有一种扩大感。

### 2.2.6 色彩的活泼和端庄感

暖色、高纯度的颜色、高明度的颜色、丰富多彩的颜色和强对比颜色会给人跳跃、活泼、有朝气的感觉。而冷色、低纯度的颜色、低明度的颜色和单调对比小的颜色会给人带来庄重、严肃、沉稳的感觉，如下图所示。

| 辅色 | 辅色 | 辅色 | | 背景色 | 主色 |

RGB（254, 190, 40）RGB（255, 156, 210）RGB（167, 188, 241）　　RGB（27, 31, 42）　RGB（216, 83, 100）

浅色背景下，添加了暖色系的橙色、高明度的粉色和高纯度的青色，为灰色的建筑大楼增添了一股活力，同时又不失整体的页面风格。

低明度的黑色作为背景色，同时加入暗红色调节氛围，使整个页面庄重而又不显单调乏味。

### 2.2.7 色彩的兴奋和沉稳感

对色彩的兴奋感和沉稳感影响最明显的是颜色的色相，红色、橙色、黄色等鲜艳而明亮的颜色给人以兴奋感。蓝色、蓝绿色、蓝紫色等色彩则会使人感到沉静、平静。绿色和紫色为中性色，没有这种类型的感觉，如下图所示。

| 主色 | 辅色 | | 主色 | 辅色 |

RGB（165, 55, 66）　RGB（223, 119, 128）　　RGB（5, 65, 127）　　RGB（234, 244, 254）

红色本身就具有兴奋感，整个页面又由红色到亮红色组成，会使浏览者的情绪被很好地调动起来，更利于浏览者对网站的阅读。

页面由深蓝色和天蓝色组成，而蓝色会使浏览者产生稳重和沉静的感觉，页面中适当加入绿色等中性色加以调节氛围。

> **提示：** 纯度对色彩的兴奋感和沉稳感的影响也很大。高纯度的颜色产生兴奋感，低纯度的产生沉浸感。明度对色彩的兴奋感和沉稳感影响最小。

### 2.2.8　色彩的华丽和朴素感

色彩的三要素对色彩的华丽感和质朴感都有影响，其中纯度关系最大。明度高、纯度高的色彩，丰富、强对比的色彩会给人华丽、辉煌的感觉。明度低、纯度低的色彩，单纯、弱对比的色彩则会给人质朴、素雅的感觉，如下图所示。

背景色　　　　　　　主色

RGB（239，239，239）RGB（248，247，243）

辅色　　　　　　　　背景色

RGB（41，47，142）　RGB（233，212，167）

整个网页以灰色为背景，搭配米白色主题内容，给人质朴、素雅的感觉，同时花纹的出现增添了页面的活力，使页面显得不过于单调。

整个页面应用了多种颜色，显得丰富多彩。各个强对比颜色的应用也会给浏览者带来华丽、辉煌的感觉。

## 2.3　网页配色的方法

色彩不同的网页带给人的感觉有很大的差异，由此可见网页的配色对于整个网站的重要性。在选择网页色彩时，设计者一般会选择与网页类型相符的颜色，并且尽量少使用几种颜色，同时要调和各种颜色，使网站具有稳定感。

### 2.3.1　背景色

网页中大面积的表面颜色就是背景色，即使是相同的网页，如果背景色不同，带给人的感觉也截然不同。背景色由于占绝对的面积优势，支配着整个网页空间的效果，因此是网页配色首先关注的重要因素，如下图所示。

| 主色 | 辅色 | | 主色 | 辅色 |
|---|---|---|---|---|

RGB（182，18，8）　RGB（255，255，255）　　　RGB（200，204，207）RGB（120，179，197）

相同页面布局和内容的情况下，当页面背景为红色时，整个页面显得热烈奔放，很符合网站对各个节日氛围的定义。

灰色背景色使整个页面清冷而高雅，会使浏览者觉得网站内的商品符合心里联想的高价比，从而产生购买欲望。

> **提示:** 背景色是指网页背景所使用的颜色，目前网页背景色常使用的颜色包括白色、纯色、渐变颜色和图像颜色等几种类型，网页的背景色也被称为网页的"支配色"。

背景色是指网页背景所使用的颜色，目前网页背景常使用的颜色主要包括白色、纯色、渐变颜色和图案等几种类型，白色和纯色前面已经讲解过了，接下来渐变颜色的背景色和图案背景如下图所示。

褐色渐变色为背景色

| 背景色 | 主色 |
|---|---|

RGB（71，40，20）　RGB（198，169，135）

主题色为浅褐色，与渐变背景色相近。网页主体内容为主题色，与背景色相呼应，很好地突出了主体内容，并使整个页面显得安静整洁。

| 辅色 | 主色 |
|---|---|

RGB（96，51，96）　RGB（192，171，194）

紫色作为主题色，包括背景图形的颜色和轮播图的背景色，在网页中形成了很好的视觉中心，可以吸引浏览者的目光。

> **提示:** 网页主题色主要是由网页中整体栏目或是中心图像所形成的中等面积色块确定的。它在网页空间中具有重要地位，通常形成网页中的视觉中心。

## 2.3.2　主色

主色（也作主题色）是指网页中最主要的颜色，包括大面积的背景色、装饰图形颜色等构成视觉中心的颜色。主色是网页配色的中心色，搭配其他颜色通常以此为基础，如下图所示。

黄绿色
为主色

| 主色 | 辅色 |
|---|---|
| RGB（94，164，31） | RGB（176，210，51） |

使用黄绿色作为网页主色，并应用在整个页面中，成为整个网页的视觉中心，使整个网页表现出清新、自然的感觉。

**提示：** 色彩作为视觉信息，无时无刻不在影响着人们的正常生活。美妙的自然色彩，刺激和感染着人们的视觉神经和心理情感，给人们提供丰富的视觉空间。

### 2.3.3　辅助色

一般来说，一个网站的任何页面都不止一种颜色，除了具有视觉中心作用的主题色以外，还应该有一类陪衬主题色或与主题色相呼应的辅助色。页面中的辅助色可以是一种颜色，或者一个单色系，还可以是由若干个颜色组成的颜色组合，如下图所示。

| 辅色 | 辅色 | 辅色 |
|---|---|---|
| RGB（227，947，1） | RGB（255，171，0） | RGB（100，196，184） |

页面中的背景色是浅色，随着橙红色、黄色和蓝绿色等辅助色的加入，使得网页瞬间充满活力。

### 2.3.4　点缀色

网页点缀色是指网页中较小的一块面积且用于易于变化物体的颜色，如图片、文字、图标和其他网页装饰颜色。点缀色常常采用强烈的色彩，常以对比色或高纯度色在网页中加以展示，如下图所示。

绿色主题色
白色背景色

| 背景色 | 主色 |
|---|---|
| RGB（246，250，241） | RGB（155，195，74） |
| **辅色** | **辅色** |
| RGB（77，83，82） | RGB（224，62，48） |

页面中的背景色是白色，页面主题色为绿色,页面中文字的点缀色是黑色，整个页面的颜色由浅到深，主次分明。

## 2.4 网页配色技巧

在对网页进行配色时，要做到整体色调统一、突出重点色、调和渐变色，还要注意配色的平衡和节奏。此外还要特别注意文字颜色的应用，最好选择与背景反差大的颜色，这样更利于阅读。

### 2.4.1 配色原则

色彩搭配在网页设计中是相当重要的，颜色的取用更多只是个人的感受和经验，同时也有一些因素是视觉感受上的。

### 1 整体色调统一

如果要使设计充满生气，布局稳健，或者具有清冷、温暖、寒冷等感觉，就应该从整体色调的角度来考虑，只有控制好构成整体色调的色相、明度、纯度关系和面积关系，才可能控制好整体色调，如下图所示。

| 主色 | 辅色 |
| --- | --- |
| RGB（135，219，221） | RGB（252，248，177） |

首先，在页面中占大面积的主色调为蓝绿色，搭配黄色和白色的配色方案。蓝绿色的明度不高，需要黄色来提高页面的亮度。这样促使整个页面带给浏览者靓丽、轻快的感觉。

### 2 重点色突出

在设计配色时，可以将某个颜色作为重点色，从而使网页整体配色平衡。在整体配色的关系不明确时，也需要突出一个重点色来平衡配色关系，如下图所示。

绿色为重点色 ——

| 主色 | 辅色 |
| --- | --- |
| RGB（168，145，103） | RGB（93，219，0） |

大面积的褐色背景色和浅褐色主题色下，绿色重点色图形占地面积小，明度高，很好地平衡了低明度的主体区域，同时会给浏览者眼前一亮的感觉。

> 提示：选择重点色时需要注意：重点色应该使用比其他色调更强烈的颜色；重点色应该选择与整体色调相对比的调和色；重点色应该用在极小的面积上，而不能大面积使用；选择重点色必须考虑配色方面的平衡效果。

## *3*　渐变色调和

当有两个或两个以上的颜色不可调和时，在中间适当插入阶梯变化的几个渐变色，就可以使其表现为调和状态，如下图所示。

| 辅色 | 辅色 |
|---|---|
| RGB（85，89，126） | RGB（157，109，135） |

页面上半部分，在紫色和蓝色中加入渐变色来调和，让浏览者看到网页时不至于觉得网页过于死板和清冷。

> **提示：** 一般有以下几种渐变形态：色相的渐变；明度的渐变；纯度的渐变。根据色相、明度和纯度组合的渐变，我们可以把各种各样的变化作为渐变来处理，从而构成复杂的效果。

> **提示：** 按照色彩的记忆性原则，一般来说暖色比冷色的记忆性强，色彩还具有联想和象征的特质，如红色象征激烈、渴望，绿色象征和平、希望等。网页颜色应用并没有数量限制，但也不能毫无节制地应用多种颜色。

### 2.4.2　确定网页文本配色

相较图片和图形而言，文字配色需要考虑到可读性和可识别性。因此，在文本配色和背景色的选择上就需要仔细思考，为了文字的可识别性更强，文本配色需要与背景色有明显差异，这时主要使用的配色是明度的对比配色或利用补色关系的配色，如下图所示。

| 背景色 | 辅色 |
|---|---|
| RGB（180，215，235） | RGB（7，126，164） |

| 辅色 | 辅色 |
|---|---|
| RGB（208，237，247） | RGB（65，66，68） |

浅蓝色的网页背景颜色，搭配墨蓝色的标题文字，网页中多处文本与背景色采用对比色的方式，突出表现文字，整个网页让人感觉充满活力。

蓝色是比较素净的颜色，能够让浏览者在比较放松的状态下阅读网页。蓝色背景色搭配黑色的文字，可以更好地突出表现文字。

## 2.5 影响网页风格的配色

不同的颜色往往能够引起人们不同的情感反应，根据页面所要传达出的具体情感合理选用不同的颜色，是每个网页设计师必须具备的职业素养。正确合理地使用相应的颜色布局页面，可以使制作出的页面更专业和更美观。

### 2.5.1 冷暖配色

暖色包括红色、黄色、橙色等,这些颜色象征太阳、火焰等事物,给人以温暖、柔和和热情的感觉,同时也向人们传递积极向上,热情奔放的感觉,暖色也可以带给人们活泼、愉快和兴奋的感觉,如下图所示。

| 主色 | 辅色 |
|------|------|

RGB（246，219，68） RGB（255，101，101）

| 主色 | 辅色 |
|------|------|

RGB（253，188，46） RGB（235，106，124）

白色背景色加上暖色黄色为主题色，搭配多种冷暖色，使整个网页让浏览者看到时会显得生机勃勃,充满活力,富有新鲜感。

网页背景色为浅黄色、主题色为橙色，让整个页面看起来无比温馨，更利于吸引浏览者的注意，同时也为网站增加活力。

蓝色、绿色、紫色都属于冷色系，这些颜色也象征着森林、大海和蓝天，通常会带给人清冷和严肃的感觉。通常来说，多数高端正规的企业和大部分的电子产品企业会选用冷色调作为网站的主色调，以强化企业良好的形象，如下图所示。

| 背景色 | 辅色 |
|------|------|

RGB（37，50，69） RGB（216，226，238）

| 主色 | 背景色 |
|------|------|

RGB（34，82，135） RGB（255，255，255）

蓝色企业网站给人一种清冷、高洁的感觉，颜色较深的背景色更为网站带来神秘感。

网站被颜色划分为上下两个部分，上半部分给人严肃的感觉，而下半部分则会让人觉得简单明了。

### 2.5.2　白色的应用

白色属于中性色，它可以完美地和任何色彩搭配在一起使用而不会产生任何冲突感。白色的包容性很强，本身也没有冷暖的倾向，因此常被用于调和几种对立的颜色，促使整体版面和色调更加平衡。

白色与低纯度的颜色搭配在一起也会显得低调而有魅力，与暖色搭配在一起会显得温暖平和，与冷色搭配在一起会显得冰凉理智，如下图所示。

| 背景色 | 辅色 |
| --- | --- |
| RGB（255，255，255） | RGB（239，156，0） |

网页以白色作为背景色，灰色作为主题色，加上橙色作为辅助色，使整个页面显得温暖而不失平和。

### 2.5.3　饱和度影响配色

饱和度比较高的色彩往往会给受众传递活泼好动、张扬个性和古灵精怪的感觉。高彩度的色彩更容易吸引用户的注意力，所以一般网页中的 Logo、按钮和图标等零散细碎的元素才会采用。

一般来说，儿童类网站和设计公司的网站更喜欢采用高彩度配色方案，以体现出活泼可爱和个性奔放的感觉，如下图所示。

| 辅色 | 辅色 |
| --- | --- |
| RGB（230，230，230） | RGB（253，193，43） |

用黄色作为网页的主题色，搭配米色作为背景色，让网页显得干净又不失活力。同时也给浏览者传递一种古灵精怪的感觉。

## 2.6　影响配色的元素

在对网页进行配色时，可以使用强烈的颜色、冷静的颜色，也可以使用日常不常用的颜色，但不能盲目使用颜色，盲目使用颜色会导致界面过于杂乱，而合理配色则会让网站给浏览者留下深刻的第一印象。

### 2.6.1 根据行业特征选择网页配色

通常人们对色彩的印象都不是绝对的，会根据行业的不同产生不同的联想，每个人对于色彩的印象都不是绝对的，但多数人会自然而然地将其与性质相一致的色彩对号入座，这就是联想的作用。如想到咖啡，就会联想到棕色的醇厚温暖；想到医院，就会联想到白色和蓝色的冰凉冷静；想到小草，就会联想到绿色的清新鲜活，如下图所示。

| 主色 | 辅色 |
|---|---|
| RGB（64，185，228） | RGB（133，213，38） |

网站页面采用浅蓝色作为背景，加上蓝色的水瓶，绿色的叶子，使得页面满含生机，会让浏览者的心情随之放松。

在设计和制作网页之前，首先需要仔细调查和收集各种数据资料，还要根据颜色的基本要素加以规划，以便将其更好地应用到网页中。下面是根据不同行业的特点归纳出来的各行业形象的代表色。

| 色系 | 符合的行业形象 |
|---|---|
| 红色系 | 服装百货、服务业、餐饮业、医疗药品、数码家电 |
| 橙色系 | 建筑行业、餐饮业、文化行业 |
| 黄色系 | 房地产行业、影视行业、饮食营养、室内设计 |
| 褐色系 | 工业设计、电子杂志、宠物玩具、运输交通、律师 |
| 绿色系 | 工业设计、农业、教育、印刷出版业、交通旅游、环境保护 |
| 蓝色系 | 航天业、航空业、新闻媒体、水产业、生物科技、企业 |
| 紫色系 | 爱情婚姻、化妆品、美容保养、奢侈品 |
| 黑色系 | 艺术、赛车跑车、电影动画、时尚 |
| 白色系 | 银行、珠宝、医疗保健、电子商务、自然科学 |

- **精彩案例分析**

| 主色 | 辅色 |
|---|---|
| RGB（92，39，0） | RGB（167，119，67） |

网站页面采用咖啡色作为主色，搭配棕色。网页本身是一个咖啡网站，使用的颜色和商品本身切合，突出了商品的地位。

| 主色 | 背景色 |
|---|---|
| RGB（120，144，58） | RGB（255，255，255） |

网站页面采用绿色作为主色，白色作为背景色，给人一种鲜活、清新的感觉，符合网站主旨。

## 2.6.2 根据色彩联想选择网页配色

颜色的选择与设计师想要表达的情感有直接关系，当人们看到各种不同的颜色后，总是会下意识地寻找生活中常见的同类颜色事物，再通过具象的物体引申出抽象的情感。如看到绿色会联想到树叶和草地，从而感受到新鲜；看到蓝色会联想到天空和海洋，进而感受到清新，如下图所示。

| 主色 | 主色 |
|---|---|
| RGB（2，0，3） | RGB（172，216，48） |

使用绿色作为主色调，绿色很容易联想到树林和草原，因此，采用绿色作为环保主题的网页界面主色，非常切合主题。

| 主色 | 辅色 |
|---|---|
| RGB（58，146，217） | RGB（110，200，209） |

使用蓝色作为主色调，蓝色让人容易联想到海洋，显而易见，此款界面是水族馆的网站主页，所以颜色使用非常切合主题。

因为在现实生活中每个人的生活环境、家庭背景、性格和工作领域不同，所以并非所有人对色彩的感受和认知都是一样的，但仍然可以找出大多数人对于色彩认知的相对一致性，并有效地运用这些心理感受，使网页所要表达的情感和信息能够正确传递给大部分的受众。

| 色彩 | 具象联想 | 抽象联想 |
| --- | --- | --- |
| 红色 | 太阳、火焰、花朵、血、苹果、樱桃、草莓、辣椒 | 热情、热烈、兴奋、勇气、个性张扬、暴躁、残忍 |
| 橙色 | 橘子、橙子、晚霞、夕阳、果汁 | 温暖、积极向上、欢快活泼 |
| 黄色 | 阳光、向日葵、太阳、香蕉、柠檬、花朵、黄金 | 温暖和煦、温馨、幸福健康、活泼好动、明亮 |
| 绿色 | 树叶、小草、蔬菜、西瓜、植物 | 生机蓬勃、希望、新鲜、放松、环保、年轻、健康 |
| 青色 | 天空、大海、湖泊、水 | 轻松惬意、空旷清新、自由、清爽、神圣 |
| 蓝色 | 天空、制服、液体 | 冰冷、严肃、规则制度、冷静、庄重、深沉 |
| 紫色 | 葡萄、茄子、薰衣草、紫藤花、花朵、乌云 | 华丽、高贵、神秘、浪漫、美艳、忧郁、憋闷、恐怖 |
| 黑色 | 头发、夜晚、墨水、乌鸦、禁闭室 | 深沉、神秘、黑暗、压抑、厚重、邪恶、绝望、孤独 |
| 白色 | 云朵、棉花、羊毛、雪、纸、婚纱、牛奶、斑马线 | 洁净、清新、纯洁、圣洁、柔和、正义、冰冷 |
| 灰色 | 金属、阴天、水泥、烟雾 | 朴素、模糊、滞重、消极、阴沉、优柔寡断 |

- **精彩案例分析**

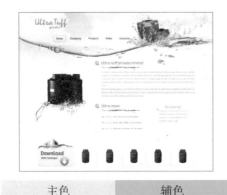

| 主色 | | 辅色 | |
| --- | --- | --- | --- |

RGB（195，234，249） RGB（150，227，37）

使用蓝色作为主色调，蓝色很容易让人联想到蓝天和白云，同时会带给人干净、清爽的感觉。因此，采用蓝色作为网页界面主色，非常切合主题。

| 主色 | | 背景色 | |
| --- | --- | --- | --- |

RGB（32，103，183） RGB（255，221，98）

使用蓝色作为主色，同时搭配色彩鲜明的黄色，会使浏览者的心神得到休息，因此，采用蓝色作为网页界面主色，非常切合主题，也会吸引浏览者的目光。

### 2.6.3　根据受众色彩偏好选择网页配色

产品在上市之前，必然已经确定了目标群体范围，这个范围可以大致通过年龄、性别、地区、经济状况和受教育程度等因素来确定。在确定网页主题色时，也需要对不同人群所偏爱的颜色做一些了解，从而达到预期的宣传效果。

**1　男性和女性对色彩的偏好**

在同样的目标群体中，也会因为职业或性别等因素而对颜色的偏爱产生差异。例如，大部分女性朋友会偏爱亮色调、明艳色调和粉色调的颜色，而大部分男性朋友则会偏爱深色调、暗色调和纯色调的颜色。

| 色彩偏好性别 | 色相偏好 | | 色调偏好 | |
|---|---|---|---|---|
| 男性 | 蓝色深蓝色深绿色棕色黑色灰色 | | 深色调暗色调钝色调 | |
| 女性 | 粉红红色紫色紫红色青色橙红色 | | 亮色调明艳色调粉色调 | |

• **精彩案例分析**

| 主色 | 辅色 |
|---|---|
| RGB（193，137，0） | RGB（238，204，106） |

使用浅棕色作为网页的主色，搭配黄色的辅色和黑色的背景色，给网站带来大气和神秘的感觉，会吸引大量男生浏览网站。

| 主色 | 辅色 |
|---|---|
| RGB（242，124，150） | RGB（251，237，228） |

使用粉色作为网页的主色，搭配红色和黄色作为网页的辅色，这是大部分女生浏览者喜爱的网站配色。

## 2 不同国家对色彩的偏好

因为地域和文化差异，不同国家的人对颜色的偏爱也会有所不同，如中国人偏爱红色，认为红色是吉利的颜色，会为人们带来好运和幸福，而英国人则偏爱金色、白色等，同时英国人讨厌紫色和绿色。

| 色彩偏好<br>国家地区 | 喜欢的颜色 | | | 厌恶的颜色 | | | |
|---|---|---|---|---|---|---|---|
| 中国 | 红色、黄色、蓝色等<br>艳丽的颜色 | ● ● ● | | 黑色、白色、灰色等<br>黯淡的颜色 | ● ● ○ | | |
| 法国 | 灰色、白色、粉红色 | ○ ○ ○ | | 黄色、墨绿色 | ○ ○ | | |
| 德国 | 红色、橙色、黄色等<br>温暖明艳的颜色 | ● ● ● | | 深蓝色、茶色、黑色 | ● ● ● | | |
| 马来西亚 | 红色、绿色 | ● ○ | | 黄色 | ○ | | |
| 新加坡 | 红色、绿色 | ● ○ | | 黄色 | ○ | | |
| 日本 | 黑色、紫色、红色 | ● ● ● | | 绿色 | ○ | | |
| 泰国 | 红色、黄色 | ● ○ | | 黑色、橄榄绿 | ● ● | | |
| 埃及 | 绿色 | ○ | | 蓝色 | ○ | | |
| 阿根廷 | 红色、黄色、绿色 | ● ○ ○ | | 黑色、紫色、紫褐色 | ● ● ● | | |
| 墨西哥 | 白色、绿色 | ○ ○ | | 紫色、黄色 | ● ○ | | |
| 英国 | 蓝色、白色 | ○ ○ | | 绿色、紫色 | ● ● | | |

· **精彩案例分析**

| 主色 | 辅色 |
|---|---|
| RGB（237，26，59） | RGB（244，196，158） |

明亮的黄色和红色都是中国传统的颜色，使用这两种颜色搭配网页使网页表现出中国传统的喜庆、欢乐的氛围。

| 背景色 | 主色 |
|---|---|
| RGB（28，38，48） | RGB（39，45，67） |

使用低纯度的黑色作为网页背景色。搭配低纯度的蓝色，使网页表现出了大气、神秘的氛围，是欧美国家很喜欢的网站配色。

## *3* 不同年龄对色彩的偏好

不同年龄阶段的人对颜色的喜好也不同，人们对色彩的偏爱也会随着年龄的增长而有所不同，如老人通常喜爱灰色、棕色等，儿童则通常喜欢红色、黄色等。

| 年龄层次 | 年龄 | 喜欢的颜色 | |
| --- | --- | --- | --- |
| 儿童 | 0~12 岁 | 红色、黄色、绿色等明艳温暖的颜色 | ● ● ○ |
| 青少年 | 13~20 岁 | 红色、橙色、黄色和青色等高纯度、高明度的颜色 | ● ● ○ ○ ○ ○ |
| 青年 | 21~35 岁 | 纯度和明度适中的颜色和中性色 | ● ● ○ ○ |
| 中年 | 36~50 岁 | 低纯度、低明度的颜色，稳重严肃的颜色 | ● ● ○ ● ● ● |

• **精彩案例分析**

| 辅色 | 辅色 |
| --- | --- |

RGB（254，165，0）　　RGB（203，1，1）

使用明度和纯度较高的多种色彩进行搭配，表现出青少年活跃、年轻和充满活力的一面。

| 背景色 | 主色 |
| --- | --- |

RGB（2，0，4）　　　RGB（170，143，87）

使用纯度低和明度低的色彩，搭配简单的文字和图形，使整个页面看起来稳重、宁静。

### 2.6.4 根据生命周期选择网页配色

色彩是世界性语言，在市场日趋成熟、竞争品牌众多的今天，能使你的品牌具有明显区别于其他品牌的视觉特性，更富有魅力，并能增加浏览者对品牌的记忆，就显得尤为重要。这时，色彩语言的运用就变得更为重要。

颜色是商品更重要的外部特征，产品的销售周期是指从该产品进入市场，直到被市场淘汰的整个过程。设计师可以根据产品所处不同周期时市场的反应和企业所要达到的营销宣传效果，来确定网页的配色方案。

## 1  商品导入期

处在导入期的产品一般都是刚上市，还未被消费者所熟知的产品。为了加强宣传力度，刺激消费者的感官，增强消费者对产品的记忆度，可以选用艳丽的单色作为主色调，将产品的特性清晰而直观地诠释给用户，如下图所示。

| 主色 | 辅色 |
| --- | --- |
| RGB（253，220，88） | RGB（248，162，1） |

使用橙色到黄色作为网页主色调，让人感觉到无限活力，简约随意的图形搭配、多彩色的图片，都使页面非常活跃，给人留下愉快的印象。

• **精彩案例分析**

| 主色 | 辅色 |
| --- | --- |
| RGB（138，41，149） | RGB（254，199，45） |

| 主色 | 辅色 |
| --- | --- |
| RGB（242，20，122） | RGB（119，63，211） |

双 11 前夕，使用紫色作为网页的主色，搭配亮丽的黄色，既满足了浏览者的好奇心，又可以使浏览者的心情得到放松。

网页采用紫色和粉色作为主色，搭配黄色和白色的文字，突出节日的效果，直观并且重点突出。

## 2  商品拓展期

经过前期的大力宣传，处在发展期的产品一般已为消费者所熟知，市场占有率也开始相对提高，并开始有竞争者出现。为了能够在同化产品中脱颖而出，这一阶段的网页应该选择比较时尚和鲜艳的颜色作为主色调，如下图所示。

| 辅色 | 主色 |
|---|---|
| RGB（233，23，21） | RGB（81，46，68） |

使用神秘的紫色作为网页的主色调，搭配精致的图片和美丽的鲜花，使得整个页面充满了神秘感，能最大限度地调动浏览者的好奇心。

- **精彩案例分析**

| 主色 | 辅色 |
|---|---|
| RGB（171，124，54） | RGB（236，47，105） |

| 主色 | 辅色 |
|---|---|
| RGB（103，176，84） | RGB（236，47，105） |

同样是双 11 的宣传页，在双 11 当天，网页根据商品的不同属性使用不同的色彩作为宣传的新颖之处，同时突出商品属性。

使用绿色作为运动服装页面的主色，搭配代表企业形象的红色，既突出了商品的属性，也使浏览者加深了对企业的印象。

## *3*  商品成熟期

处在稳定销售时期的产品一般已经有了比较稳定的市场占有率，消费者对产品的了解也已经很深刻，并且有了一定的忠诚度。而此时市场也已经接近饱和，企业通常无法再通过寻找和开发新市场来提高市场占有率。此时企业宣传的重点应该是维持现有顾客对品牌的信赖感和忠诚度，所以应该选用一些比较安静、沉稳的颜色作为网页的主色调，如下图所示。

| 主色 | 辅色 |
|---|---|
| RGB（32，32，32） | RGB（232，43，37） |

使用黑色作为网页主色调，围绕企业形象进行色彩搭配，强化企业形象和产品。

- **精彩案例分析**

| 辅色 | 辅色 | 主色 |
|---|---|---|
| RGB（15,<br>62，80） | RGB（6,<br>31，35） | RGB（39,<br>201，27） |

| 主色 | 辅色 | 辅色 |
|---|---|---|
| RGB（28,<br>62，99） | RGB（120,<br>191，63） | RGB（211,<br>92，158） |

色彩的定位会突出商品的美感，使消费者从产品的外观和色彩上看出产品的特点，从色彩中产生相应的联想与感受，最后接受产品。

使用深蓝色作为网页的主色调，围绕企业形象进行色彩搭配，强化企业形象和产品。

## 4 商品衰退期

当产品处于衰退阶段时，消费者对产品的忠诚度和新鲜感都有所降低，他们会开始寻找其他的新产品来满足需求，最终导致该产品的市场份额不断下降。这一阶段企业的主要宣传目标就是保持消费者对产品的新鲜感，因此，需要对产品形象进行重新改进和强化，如下图所示。

| 主色 | 辅色 |
|---|---|
| RGB（250，145，183） | RGB（176，148，111） |

使用鲜艳的粉色和紫色作为网页主色调，赋予产品新的生命力，让浏览者感受到来自产品的温暖和魅力。

- **精彩案例分析**

| 辅色 | 主色 |
| --- | --- |
| RGB（94，74，83） | RGB（108，140，197） |

网页所使用的颜色是比较独特的颜色，将网页从色彩结构方面做整体更新，重新唤回消费者对商品的兴趣。

| 辅色 | 主色 |
| --- | --- |
| RGB（0，0，0） | RGB（79，194，191） |

使用墨蓝色和天蓝色搭配，在网页中形成比较强烈的对比效果，给人眼前一亮的感觉，能够重新唤起人们对网页的兴趣。

## 2.7　色彩与网站布局

其实网页布局结构就像超市里商品的摆放方式，在超市中理货员按照商品不同的种类、价位摆放琳琅满目的商品，这种商品的摆放方式有助于消费者选购自己想要的商品。此外，这种整齐一致的商品摆放方式还能够激发消费者的购买欲望。

### 2.7.1　布局和配色的分组与整合

精心设计的分组能使网页变得亲切易读。在网页中分组的方法有很多，最常用到的是使用画线来进行分组，但是画线这种分组方式只能简单地分割画面，缺乏形式的美感，只适用于简单的文字和图片的布局，如下图所示。

满版布局式，文字或者图像充满整个页面，也可以用单一的背景颜色或图像填充整个页面

| 主色 | 辅色 |
| --- | --- |
| RGB（255，249，227） | RGB（248，194，0） |

清新淡雅的颜色能带来低调婉约的画面印象，而奢华浓郁的颜色则能带来雍容华贵的画面印象。通过使用颜色分割了页面，对信息进行了有效的分组。

利用配色来进行分组布局，相较画线来说，是更有效的网页区域分组方法。利用色块进行分组，不仅能够高效地分割网页的区域，同时色彩本身也能传递出各种信息，如下图所示。

| 背景色 | 主色 |
| --- | --- |
| RGB（172，11，16） | RGB（253，139，4） |

使用颜色块分割了整个页面，对网站的栏目进行了分类的同时，也给人以轻松活泼的视觉感受，符合网站对年轻目标人群的定位。

### 2.7.2 布局和配色的对称与平衡

一般而言，平衡是指矛盾双方在力量上相抵而保持一种相对静止的状态。在视觉传达设计中，平衡是指通过视觉元素的位置、大小、比例、色彩、质感甚至意义等各种关系而达到的一种视觉稳定状态。

平衡关系是视觉美感的最基本要求，美的实质是一种平静的感觉，当人的视觉、理智和情感的各种欲望都得到满足时，心灵就能感受到这种平静，如下图所示。

对称式布局是指在放置图片和文字时，先在页面中央绘制一条垂直线，以此为轴进行左右对称布局。

| 主色 | 背景色 |
| --- | --- |
| RGB（214，183，137） | RGB（100，104，107） |

左右对称的布局能够给人带来整洁、稳定和值得信赖的视觉感受，这些视觉感受和页面中的图形内容相一致，搭配起来，能够很好地唤起浏览者的兴趣。

### 2.7.3 布局和配色的强调与突出

浏览者在页面上先看到什么，后看到什么，视觉的焦点在什么位置，这都是网页设计师需要精心设计的。对于包含众多需要传达的信息的页面来说，就需要用特别的方法来进行主题的强调和突出。

页面中可供强调的元素有很多，既可以是页面的布局，也可以是配色，甚至背景音乐或音效也能够作为强调的元素，如下图所示。

| 背景色 | 辅色 |
| --- | --- |
| RGB（144，51，17） | RGB（240，218，36） |

网页使用暗红色作为页面的背景色，搭配绿色和橙色的图形，尤其绿色和橙色的图形占据页面的中心，能够起突出和强调的作用。

### 2.7.4 布局和配色的虚实与留白

在网页设计中，除了各种元素的布局和应用外，其余的部分即是页面的"空白"。当然这里的"空白"指的不仅仅是狭义上的白色，而是指页面中没有放置元素的区域。

从心理学的角度来看，页面上的"留白"既可以给浏览者带来心理上的轻松和快乐，也可以营造紧张的氛围。"留白"不仅给浏览者带来视觉的休息空间，也给浏览者留下思考的空间。"留白"既可以为页面的主题或中心做铺垫，也可以通过这一特殊的设计手法，传达设计师的特定的想法，如下图所示。

| 主色 | 背景色 | 背景色 | 主色 |
|---|---|---|---|

RGB（4，63，120） RGB（240，218，36）　　　RGB（11，67，100） RGB（240，218，36）

设计师刻意营造了一个干净的页面，大量的留白为页面中间和下方"重点"做足了铺垫，让浏览者情不自禁地就随着设计者的意图，集中到了页面的主题之上。

设计师通过蓝白的明暗关系，拉开了云和背景的层次，通过清晰可见的云层和若隐若现的光、文字之间的对比，构造了页面中的虚与实，这一独特的表现手法营造了恬静广阔的视觉感受。

## 2.8　色彩对网站交互的影响

交互设计应选择对的颜色，而不是设计师或用户喜欢的颜色。交互设计可以带给浏览者最直接、最深刻的印象，一个网站是否足够吸引浏览者，好的交互设计至关重要。而任何吸引人的设计中，色彩都是重中之重。

### 2.8.1　颜色的呈现效果由底色决定

颜色本身具有不同的明度，在不同的底色上会有不同的效果，如下图所示，我们可以清楚看到不同色彩在不同明度的底色上会呈现出不同的效果。

| 背景色 | 主色 | 背景色 | 主色 |
|---|---|---|---|

RGB（27，29，41） RGB（79，193，87）　　　RGB（132，175，155） RGB（250，213，186）

页面背景色为墨蓝色，搭配白色的文字，使浏览者可以清楚地看到网页中的文本内容。

网页背景色为绿色，搭配粉色的主色，文本采用和主色与背景色相近的粉色和绿色，效果并不明显。

### 2.8.2　字体的可读性由颜色的明度差异影响

在下面的表格中，我们可以将表格上明亮的颜色转换成下面的灰阶颜色，这样就可以清楚地了解不同色彩在明度上存在的差异，并且表格会依照颜色的明度强度将其重新排列如下。

由于黄色的明度很接近白色，因此在白色底色上使用黄色字体会使字体难以阅读，如下图所示。

同样的原因，虽然绿色与橘色、红色与紫色的色相并不相同，但由于它们的明度都很接近，因此这样的搭配也会使文字难以阅读。如下图所示，选用与底色完全不同明度色彩的文字颜色，阅读性就会提高许多。

## 2.9　移动端网站配色特点

手机 App 界面要给人简洁整齐、条理清晰的感觉，依靠的就是界面元素的排版和间距设计，以及色彩的合理、舒适度搭配。其色彩运用原理和特点如下。

### 2.9.1　色调的统一

针对软件类型及用户工作环境选择恰当的色调，如需要体现安全感的软件，绿色体现环保，紫色代表浪漫，蓝色表现时尚等。总之，淡色系让人舒适，暗色为背景可以让人不觉得累，如下图所示。

蓝色App
启动界面

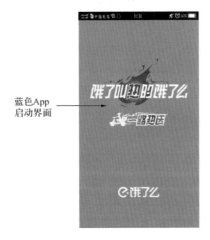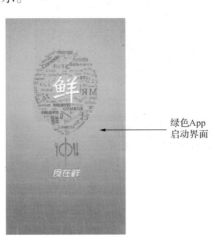

绿色App
启动界面

我们在进行设计的时候，不要忽视了色盲色弱群体。所以在界面设计的时候，即使使用了特殊颜色表示重点或者特别的东西，也应该使用特殊指示符、着重号以及图标等，如下图所示。

各个图标用不同的颜色来显示，但也很好地在图标里面和下方加入图形和文字予以解释

页面中的图标仅用黄色的浅淡来区分，表达内容会大打折扣

## 2.9.2　巧用对比配色

对比原则很简单，就是浅色背景使用深色文字，深色背景使用浅色文字。例如，蓝色文字用白色背景就容易识别，在红色背景下则不易分辨，原因是红色和蓝色没有足够的反差，但蓝色和白色反差很大。除非特殊场合，否则杜绝使用对比强烈、让人产生憎恶感的颜色，如下图所示。

蓝色背景下白色文字显示得较清楚

墨蓝色背景下的蓝绿色文字不易分辨

## 2.9.3　巧用色彩类别

在色彩的类别控制上，整个手机界面的色彩要尽量少使用类别不同的颜色，以免眼花缭乱，从而使整个界面出现混杂感。手机界面需要保持干净整洁的感觉，这样可以使浏览者的心神得到很好的放松，如下图所示。

页面用到的颜色较少，显得干净整洁

页面中使用的颜色较多，由于主色较明显，页面才不至于显得杂乱无章

### 2.9.4 测试配色方案

颜色方案的测试是必要的，因为显示器、显卡存在差异，色彩所表现出来的颜色值在每台机器中都不一样，所以必须经过严格测试，通过不同机器进行颜色确认，以确保达到最佳效果。

提示：由于各种机型存在的差异，一款网页设计作品在问世前，都需要先经过严密的测试环节，以确保网页上线后的正常使用以及其美观性。

# 第 3 章　色彩搭配的选择标准

作为一种视觉语言，色彩随时随地影响着人们的日常生活。自然界中美妙的色彩，刺激和感染着我们的视觉，并给我们提供无限的视觉空间。人们对于色彩从认识到运用的过程也就是感性认识向理性认识升华的过程。

## 3.1 合理应用色彩的对比

将两个强弱不同的色彩放在一起，若要得到对比均衡的效果，必须以不同的面积大小来调整，弱色占大面积，强色占小面积，而色彩的强弱是以其明度和彩度来判断的，色彩可以组合在任何大小的色域中。在两种或两种以上的色彩之间的色量比例，才算是平衡的。

### 3.1.1 色彩面积大小

有很多因素可以影响色彩的对比效果，色彩的大小就是其中最重要的因素之一。色彩的大小会令色彩的对比有一种生动效果，在大面积的色彩陪衬下，小面积的纯色会有特别的效果。

### *1* 色彩面积的大与小

在同等纯度下，色彩面积的大小不同，给人的感觉也不同。面积的大小会对人视觉的刺激程度不同，面积越大，看见的概率越大，对视觉就产生刺激。在配色时，首先要确定主色，主色为网页中的大面积色，随后选择辅色，达到辅助网页色彩的效果，如下图所示。

主色

辅色

面积对比

• **精彩案例分析**

| 主色 | 辅色 |
|---|---|
| RGB（167，166，39） | RGB（209，100，7） |

| 主色 | 辅色 |
|---|---|
| RGB（212，74，72） | RGB（61，61，61） |

该网页以绿色为背景色，在页面中大面积呈现，给人清爽、明快的感觉，过渡自然，整个页面干脆利落。

页面的主要色调为红色，红色是受人瞩目的颜色，很容易吸人眼球。图片部分为黑色，给人神秘的感觉。

## 2　色彩面积的对比

当在网页中两种颜色以相等的面积出现时，它们的冲突会达到极限，使两种颜色有一种势均力敌的感受，当面积对比悬殊时，会减弱色彩的强烈对比和冲突效果，如下图所示。

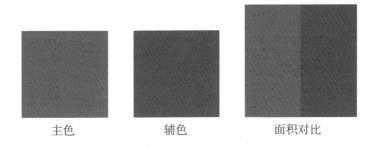

主色　　　　　　　　辅色　　　　　　　　面积对比

> **提示**：从色彩的同时性来说，面积对比越悬殊，小面积的色彩视觉感会更强一些，就像"万花丛中一点绿"一样，吸引人注目。

• **精彩案例分析**

| 主色 | 辅色 |
| --- | --- |

RGB（255，167，0）　RGB（196，71，249）

网页中的橙色和蓝色形成了视觉上的对比，两种颜色的明度都较低，给人统一、协调的感觉。

| 主色 | 辅色 |
| --- | --- |

RGB（231，126，40）　RGB（198，32，10）

页面的主色调为橙色，明亮而有活力，能够愉悦人的眼睛，加入红色，能够刺激人的食欲。

### 3.1.2　色彩面积的位置对比

对比双方的色彩距离越近，对比效果越强，反之则越弱。双方互相呈接触、切入状态时，对比效果更加强烈。一种颜色包围另一种颜色时，对比的效果最强烈。在网页中，一般将重点色彩放置在视觉中心，吸引人注目，如下图所示。

主色　　　　　　　辅色　　　　　　　位置对比

• 精彩案例分析

| 主色 | 辅色 |
| --- | --- |

RGB（42，58，167）　　RGB（209，110，25）

| 主色 | 辅色 |
| --- | --- |

RGB（13，131，167）　　RGB（218，17，33）

网页背景使用了明度较高的嫩绿色，加上橙色和蓝色，色彩对比效果较强烈，网页的效果给人新潮的感觉。

页面以蓝色为主色调，给人清澈、凉爽的感觉，加上红色点缀，突出了主题，引人注目。

## 3.2　网页主题突出的配色

我们在浏览网页时，会发现很多优秀的网页配色能将整个网页的主题明确突出，吸引浏览者的目光。主题通常会很恰当地突出显示，给浏览者的视觉上形成一个中心点。突出网页的主题有两种方法，具体如下所示。

## 1　直接增强主题

直接增强主题的配色，保持主题的绝对优势，可以通过提高主题的纯度、增大整个页面的明度差来实现。下图所示为直接突出主题。

| 主色 | 辅色 |
| --- | --- |

RGB（19，152，92）　　RGB（255，89，119）

网页以绿色为背景，运用色调较为明亮的粉色，使浏览者一眼便能注意到网页的主题。

## *2* 间接强调主题

间接强调主题，即在主题配色较弱的情况下，通过添加衬托色或削弱辅助色等方法来突出主题的优势。下图所示为间接突出主题。

| 主色 | 辅色 |
|------|------|
| RGB（138，146，159） | RGB（2，2，2） |

该网页通过虚化背景图片的效果间接突出网页主题。黑色的加入给人带来神秘气息。

### 3.2.1 提高色彩纯度

提高色彩纯度有两种方法，第一种是直接用纯度，不加入其他颜色，确定主题。第二种是加强对比，包括明度对比、纯度对比，具体如下所示。

## *1* 提高纯度，确定主题

在网页配色中，为了突出网页的主题和确定网页的主要内容，最有效的方法是提高主题区域的色彩鲜艳度。鲜艳度就是纯度，当主题配色鲜艳起来，与网页背景和其他内容区域的配色相区分时，就会达到确定主题的效果，如下图所示。

主色　　　　　　辅色　　　　　　　　　纯度对比

• **精彩案例分析**

| 主色 | 辅色 |
|---|---|
| RGB（139，26，54） | RGB（253，112，121） |

色彩单一，但是位于中间部分的物品用了纯度较高的粉色，在页面中心形成一个视觉焦点。

| 主色 | 辅色 |
|---|---|
| RGB（214，138，3） | RGB（176，16，26） |

网页背景色使用了纯度较高的黄色，主题色彩使用了高纯度的红色和绿色，与周围色彩形成鲜明对比。

## 2　与周围色彩对比来明确主题颜色

在制作不同的网页时，表达的主题也不相同，如果都通过提高颜色纯度来控制主题，那么可能造成页面鲜艳程度相同的状况，使浏览者分不清主题，鲜艳程度接近也是同样的问题，在确定主题配色时，应首先考虑周围色彩的对比情况，然后制作出对比色，突出主题，如下图所示。

　　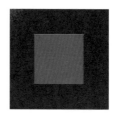

周围色　　　　　　　主题色　　　　　　纯度对比

• **精彩案例分析**

| 主色 | 辅色 |
|---|---|
| RGB（32，29，24） | RGB（233，201，40） |

网页中图像的亮色色彩与黑色的背景形成了对比，图像这个主题被突显，形成一个视觉焦点。

| 主色 | 辅色 |
|---|---|
| RGB（32，29，24） | RGB（233，201，40） |

网页中的背景为棕色，主题内容为橙色，形成了鲜明对比，突出了主题，两种颜色明度都比较低，比较统一、协调。

### 3.2.2　增大色彩明度差

增大色彩明度差有两种方法。第一种就是明度差，明度差小，主题无存在感，明度差大，主题明确。第二种是无彩色与有彩色的明度对比。具体如下所示。

## *1*　明度差

明度就是明暗程度，明度最高的是白色，明度最低的是黑色，任何颜色都有相应的明度值，同为纯色调，不同的色相，明度也不相同。如紫色的明度接近于黑色，而黄色的明度接近于白色，如下图所示。

主色　　　　　　　辅色　　　　　　　明度对比

• **精彩案例分析**

RGB（4，19，42）　RGB（252，251，255）　　RGB（142，177，21）　RGB（252，251，255）

背景的深蓝色明度较低，当主题的颜色明度为白色时，明度差异就大，对比也明显。

网页背景使用明度比较高的绿色时，主题使用黄色，与背景形成对比，能够很好地突出页面的主题。

## *2*　无彩色与有彩色的明度对比

在设计网页时，可以通过无彩色和有彩色的明度对比来突出主题。网页背景色彩比较丰富，主题内容是无彩色时，那么可以通过降低网页背景明度来突出主题色，相反如果提高背景的色彩明度，就要降低主题色彩的明度，只要增强明度差异，主题色彩的强势地位就能提高，具体如下图所示。

主色　　　　　　　辅色　　　　　　　明度对比

• **精彩案例分析**

| 主色 | 辅色 |
|---|---|

RGB（31，31，31） RGB（109，18，0）

| 主色 | 辅色 |
|---|---|

RGB（5，5，5） RGB（255，156，39）

网页背景的颜色使用了明度低的黑色，图像使用了红色，突出主题，鲜艳、强势，能够刺激浏览者的食欲。

网页整个背景使用明度最低的黑色，主色使用了明度较高的橘黄色，突出主题。

### 3.2.3 增强色相型

我们了解了色相环中的类似色相和邻近色相，它们在网页中的配色能够增强网页的协调性和统一性。色相之间也是有强烈对比的，例如，邻近色对比。在配色中增强色相对比配色有利于浏览者快速发现网页的重点，突出网页主题。具体如下图所示。

| 主色 | 辅色 | 邻近色对比 |
|---|---|---|

• **精彩案例分析**

| 主色 | 辅色 |
|---|---|
| RGB（227，169，35） | RGB（179，13，17） |

该网页使用了典型的增强色相对比的方法，背景的黄色与人物的红色形成强烈的对比，突出页面的人物。

| 主色 | 辅色 |
|---|---|
| RGB（1，93，5） | RGB（221，132，9） |

网页页面主题明确，使用了蓝色与棕色作为对比，页面中的棕色展现出沉稳的气质，整个页面统一、和谐。

### 3.2.4　控制点缀色

点缀色的功能是帮助主色建立更完整的形象，在网页中对于已确定好的配色，点缀色能够使整体更加鲜明和充满活力。

> **提示：**点缀色的特点有 4 个。（1）出现的次数比较多。（2）颜色非常跳跃。（3）能够引起阅读欲望。（4）与其他颜色反差较大。

## 1　网页的点缀色

当网页主题的配色比较不显眼、普通时，可以在主题附近点缀鲜艳的色彩为网页中的主要内容区域增添光彩，这就是网页中的点缀色，如下图所示。

主色

点缀色

点缀色对比

**· 精彩案例分析**

点缀色

点缀色

| 主色 | 辅色 |
|---|---|
| RGB（51，78，30） | RGB（119，188，6） |

| 主色 | 点缀色 |
|---|---|
| RGB（229，112，17） | RGB（181，43，27） |

页面的主题图片使用了绿色和春绿色，明度适中，由于自然界中容易见到，春绿色容易让人接受。

页面的主题色为橙色，可以使页面鲜活起来，加入红色的点缀，使页面更加引人注目，新鲜感增强。

**2** 网页的点缀色面积要小

点缀色的面积如果太大，就会在网页中升为仅次于主题色的辅助色，从而打破了原来的网页基础配色。所以在网页配色时，为了强调主题可以加强色彩的点缀，但不能破坏网页的基本配色，使用小面积的话，既能装点主题，又不会破坏网页的整体配色效果，具体如下图所示。

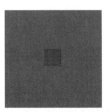

主色　　　　　　　　　点缀色　　　　　　　　点缀色面积对比

• **精彩案例分析**

点缀色

点缀色

| 主色 | 辅色 |
|------|------|
| RGB（156，56，4） | RGB（237，175，52） |

| 主色 | 点缀色 |
|------|--------|
| RGB（24，90，33） | RGB（38，109，43） |

网页主题图片上的一小片绿色面积过小。绿色能给人一种健康、活泼和鲜艳的印象。

该网页以橘黄色及其同色系颜色作为背景色，加入绿色这种具有口感性的颜色不仅增加食欲而且给人以悠闲的感觉。

### 3.2.5 抑制辅助色或背景色

根据色彩印象，在网页配色时，主题使用素雅的色彩也很多，所以就要对主题色以外的辅助色和点缀色稍加控制。

**1** 网页辅助色彩的抑制

浏览网页时，我们会发现大部分突出网页主题的色彩都会比较鲜艳，这在视觉上会占据有利地位，但不是所有网页都采用鲜艳的颜色来突出主题，具体如下图所示。

主色　　　　　　　辅色　　　　　　　辅助色对比

- **精彩案例分析**

| 主色 | 辅色 | 主色 | 点缀色 |
|------|------|------|--------|

RGB（99，169，220）　RGB（106，130，18）　RGB（255，255，255）　RGB（225，197，35）

　　网页背景使用了纯度较低的蓝色，与主题图片的绿色相近，网页整体给人清新、自然的感觉。

　　网页背景使用了明度较高的白色，白色给人干净、整洁的感觉。加上黄色的点缀，表现出别致的效果。

## 2　网页背景色彩控制方法

　　当网页的主题色偏柔和、素雅时，背景颜色在选择上要尽量避免纯色和暗色，用单色调或浊色调，就可以防止背景色彩过多、艳丽而导致网页主题的不够突出，影响整体风格。总体来说，想要主题色彩变得更加醒目就要削弱辅助色彩和背景色彩，具体如下图所示。

主色　　　　　　　辅色　　　　　　　背景色对比

- **精彩案例分析**

| 主色 | 辅色 |
|------|------|

RGB（144，144，146） RGB（154，6，53）

| 主色 | 辅色 |
|------|------|

RGB（227，217，199）RGB（150，218，121）

　　网页背景使用了纯度较低的灰色，这可以使浏览者集中在网页的主题内容上，但又不会失去网页背景的朴素。

　　网页背景使用了明度较高的浅茶色，给人干净、质朴的感觉，在背景的衬托下很好地突出了主题。

## 3.3　保持页面一致性的配色技巧

　　在进行网页的配色设计时，主题没有被明确突显的情况下，整体的设计配色就会趋向融合的方向，这就是突出和融合两种相反的配色走向。

　　与突出主题的配色方法一样，我们可通过对色彩属性（色相、明度、纯度）的控制来达到融合的目的。突出主题时要增强色调对比，而与之相反的融合型配色则完全相反，其是要削弱色彩的对比。

　　在融合型的配色技法中，还有诸如添加类似色、重复、渐变、群化、统一色阶等有效的方法，具体如下图所示。

主色　　　　　　　　　辅色　　　　　　　　　页面一致性对比

- **精彩案例分析**

RGB（193，29，19）　RGB（219，104，15）　　RGB（206，245，156）　RGB（215，156，34）

　　背景使用了明度较高的红色，作为主题的比萨使用了明度较高的黄色，与背景形成对比，是吸引浏览者的焦点。

　　该网页使用了模糊的背景图像，突出主题内容，作为主题的饮料使用了明度较高的红色和黄色，与背景形成对比。

### 3.3.1　接近色相

　　我们了解了增强色相之间的差距可以营造出活泼、喧闹的氛围。在实际配色中，如果感觉色彩过于突兀或喧闹，则可以减少色相差，使色彩彼此融合，网页配色更加稳定，具体如下图所示。

主色　　　　　　　　　　辅色　　　　　　　　接近色相对比

- **精彩案例分析**

RGB（156，191，210）　RGB（59，54，9）　　RGB（32，43，14）　　RGB（191，198，5）

　　该网页使用了浅蓝色作为背景，与墨绿色对比，表现出清爽、整洁的感觉，营造出朦胧而美好的画面。

　　该网页使用了绿色、嫩绿色作为背景，两种色相进行配色，给浏览者清爽、大自然的感觉。

### 3.3.2 统一明度

在网页配色中，如果色相差过大，那么为了使网页传达平静、安定的感觉，可以试着将色彩之间的明度靠近，这样可以在维持原有风格的同时，得到比较安定的印象。

在配色中要注意，如果明度差过小，色相差也很小，就有可能导致网页产生单调、乏味的结果，所以在配色中要依据实际情况将二者结合起来灵活地运用，具体如下图所示。

|主色|辅色|统一明度对比|

- **精彩案例分析**

| 主色 | 辅色 |
|---|---|

RGB（79，188，125）　RGB（47，58，150）

| 主色 | 辅色 |
|---|---|

RGB（18，20，19）　RGB（138，42，44）

该网页使用了绿色和黄色为背景，通过调节它们的明度，能够给浏览者光明、轻快的感觉。

红色和黑色是具有对比性的色相，通过调节它们的明度，让页面有了统一、安静的印象。

### 3.3.3 添加类似色或同类色

网页配色在选择色彩时，数量上应尽量保持在两至三种，这样会保持页面的整体性，如果两种色彩的对比过于强势，那么可以通过加入和两色中的任意色相相近的第三种色彩，这样就会在对比的同时增加整体感，这种色彩在选择上可以优先考虑同类色或类似色，具体如下图所示。

主色　　　　　　辅色　　　　　　　　　同类色对比

- **精彩案例分析**

RGB（146，218，217）　RGB（59，117，15）　　　RGB（150，193，155）　　RGB（0，92，87）

该网页使用了蓝色和绿色这组对比色，黄色的加入使整个页面色彩均衡，配色更加亲和、稳定。

页面中使用了浅蓝色和绿色这组对比色，深绿色的点缀，使整个页面色彩均衡，多了一份平静。

### 3.3.4　控制稳定感

首页是网站优化的关键，首页稳定是排名稳定的基础。首页稳定，主要包括：关键词稳定，关键词分布稳定，导航栏稳定，大的布局和板块稳定等。这些都离不开色彩的搭配，使用类似型配色可以产生稳定、和谐、统一的效果，具体如下图所示。

主色　　　　　　　　辅色　　　　　　　　　　稳定感对比

77

- **精彩案例分析**

| 主色 | 辅色 |
|------|------|

RGB（64，124，148） RGB（212，60，59）

| 主色 | 辅色 |
|------|------|

RGB（146，218，217） RGB（59，117，15）

页面使用蓝色作为背景，让人感到舒适、轻松，黄色、绿色和红色的加入使整个页面色彩均衡，配色更加亲和、稳定。

该网页使用了蓝色和绿色这组对比色，红色的加入使整个页面色彩均衡，配色更加稳定。

### 3.3.5　接近色调

网页中无论使用什么色相进行组合配色，使用相同的色调颜色，就可以形成融合效果，同一色调的色彩具有同一类色彩的感觉，在网页中就塑造了统一的感觉。同色调的色彩配色是相容性非常好的配色方法，能中和色相差异很大的配色环境，具体如下图所示。

主色　　　　　　　　辅色　　　　　　　接近色调对比

- **精彩案例分析**

| 主色 | 辅色 |
|------|------|

RGB（58，143，223） RGB（100，178，8）

| 主色 | 辅色 |
|------|------|

RGB（245，219，122） RGB（56，65，29）

该网页中所用的色彩色调基本趋于一致，融合在一起，给人一种安静、清爽的感觉。

网页使用多种不同的色彩，色相差异较大。单色调统一为明色调，给人一种轻快又有少许艳丽的感觉。

### 3.3.6　网页的渐变配色

色彩的渐变就是色彩的逐渐变化，有从红到蓝的色彩变化，还有从暗色调到明色调的明暗变化。在网页配色中，这都需要按照一定方向进行变化，这样可以在维持网页的舒适感和稳定的同时，让其产生一种节奏感，如下图所示。

渐变配色

但是实际配色时可能不会按照色彩的顺序，有时会将其打乱，这会让渐变的稳定感减弱，给人一种活力感，但这种网页配色方法不是很确定，有可能会造成网页色彩混乱。

- **精彩案例分析**

| 主色 | 辅色 |
| --- | --- |

RGB（148，210，99）　RGB（222，232，131）

绿色和黄绿色能让人感受到大自然的气息，可以缓解压力，整个页面给人一种大自然、舒缓的感受。

| 主色 | 辅色 |
| --- | --- |

RGB（23，4，8）　RGB（226，50，88）

网页色彩众多，但单一的色彩区域比较集中，总体色彩纯度、明度相似，促使页面充满活力又不失稳定。

## 3.4　配出四季的颜色

人类本来就会因为明亮的光线而感到充满活力，天色一旦变黑，其行动就会变得迟缓渐渐进入睡眠状态，就像植物沐浴在阳光下成长一样，只要是生物，对光都会有敏感性，离开光就无法生存。下面我们具体介绍关于春、夏、秋与冬的颜色。

### 3.4.1 春天

春天的太阳光柔和，并没有纯度特别亮眼的色彩。新芽明亮的绿、平静天空带点薄雾的蓝，这些色彩都很适合用来表示春天的印象。春天是最容易从大自然中找到色彩的季节，春天的配色特征是色彩数量多且色彩组合明度和纯度都很高，如下图所示。

嫩芽　　　　　　　　　　　　　　　　蓝天

- **春天适合的颜色**

| 说明 | 配色规律 |
| --- | --- |
| 像春天的花朵，鲜艳、明媚、充满活力 | 使用黄色系作为底色最为适宜，因为它的基因色特征决定了只有温暖而明亮、活跃的颜色才能够衬托出春季型人的活泼、美丽、年轻而可爱的气质。在色彩搭配上应该遵循鲜明对比的原则来突出表现朝气。春季型人不适合用黑色和藏蓝色，可以使用驼色、棕金色、亮蓝色来代替 |
| 用色范围 | |
| 春季适合搭配一些纯度和明度较高的色彩，这样可以让人感到生机勃勃、富有活力。尽可能避免使用一些浓重的纯色和深色调 |  |

- **精彩案例分析**

| 主色 | 辅色 |
| --- | --- |

RGB（220，224，197）　　RGB（182，41，0）

春天的色彩是绚丽多彩的，页面使用嫩绿色为背景，同时红色的加入为网页注入了鲜艳生动与激情。

| 主色 | 辅色 |
| --- | --- |

RGB（205，232，125）　　RGB（228，168，20）

该网页运用了大面积的嫩绿色，绿色代表着健康、生命力。点缀上橙色和红色，更突出了主题。

### 3.4.2 夏天

夏天是太阳最强烈火热的季节，所有微妙的色彩差异或色调的不同，都被剔除了。所以表现夏天的色彩是彩度高、明度稍低的色彩，是大海或天空浓郁的蓝、树木葱绿的绿等，如下图所示。

大海

树木

- **夏天适合的颜色**

| 说明 | 配色规律 |
| --- | --- |
| 像山水画一样，有种朦胧、清爽、温柔的感觉 | 夏季属冷色系，适合使用一些能够表现恬静、清爽的颜色，如浅蓝色、水绿色、水粉色、浅灰色等。为了不破坏夏季型人独有的亲切、温和的感觉，在色彩搭配上应该尽量避免反差和强对比的颜色，适合在相同色系或相邻色系中进行对比搭配 |
| 用色范围 | |
| 夏季适合搭配一些冷色调的色彩 | |

- **精彩案例分析**

| 主色 | 点缀色 |
| --- | --- |
| RGB（0，171，223） | RGB（253，256，7） |

| 主色 | 辅色 |
| --- | --- |
| RGB（48，86，29） | RGB（249，183，96） |

该网页使用蓝色作为背景，给浏览者无比舒适、清爽的感觉，再加上黄色点缀，会给人清新爽朗的感觉。

页面使用绿色作为背景色，在炎热的夏天，可以给浏览者一种回到大自然的感觉，加上黄色的点缀，色彩会比较均衡。

### 3.4.3 秋天

秋天的落叶是黄色或昂扬的鲜红色，天空是澄澈透明的蓝，进入收割期的稻穗是金棕色等，只要将这些有代表性的色彩提取出来就可以了。秋天是收割的季节，所有颜色都染上了黄至红色，特征是色相具有一致性，具体如下图所示。

枫叶

稻穗

- **秋天适合的颜色**

| 说明 | 配色规律 |
|---|---|
| 时尚、成熟、稳重 | 秋天属性的色彩，是饱满、浓郁、浑厚的暖基调色彩群，能够给人带来无限遐想。配色上可以使用栗色、亚麻色、棕色、午夜蓝色、玫瑰色、杏色等，整体需要表现出成熟、稳重、深邃、高贵的感觉 |
| 用色范围 | |
| 秋季适合选择的颜色要温暖、浓郁。浓郁而华丽的颜色能够表现出成熟高贵的感觉 | |

- **精彩案例分析**

| 主色 | 辅色 |
|---|---|
| RGB（231，222，213） | RGB（240，223，21） |

| 主色 | 辅色 |
|---|---|
| RGB（192，231，246） | RGB（223，191，132） |

该网页使用灰色作为背景，灰色无法表现出情感，黄色是秋天代表丰收的色彩，给人温暖的感觉。

该网页使用蓝色作为背景，棕色给人质朴的感觉，加入红色和绿色的点缀，是可以吸引浏览者的焦点。

### 3.4.4　冬天

冬天的色彩最难表现，冬天是日光最薄弱的季节，只有如雪的白，或是寒冰带蓝的色彩，以及叶子落完的树那种近乎黑的咖啡色等，冬天就如同大自然中的色彩几乎都消失了的一个季节。因此，冬日印象的配色必须采用与冬季活动相关的色彩，像是温暖这个寒冷季节的炭火或是暖炉的火的色彩。冬天的色彩如下图所示。

雪　　　　　　　　　　　　　　　　　　　树木

- **冬天适合的颜色**

| 说明 | 配色规律 |
|---|---|
| 个性鲜明、与众不同 | 一个大胆、强烈、纯正、饱和的冷基调色彩群和无彩色比较符合冬季的色彩属性。例如，深蓝色、松绿色、酒红色、深紫色、冰蓝色、黑色、白色等。冬季，有纯洁、有冷酷、有矛盾、有个性 |
| 用色范围 | |
| 冬季色彩基调体现的是"冰"色，即体现冷艳的美感。原汁原味的原色，如红色、宝石蓝色等可作为主色，浅蓝、浅绿等皆可以作为辅助配色 | |

- **精彩案例分析**

| 主色 | 辅色 |
|---|---|
| RGB（173，221，225） | RGB（195，36，30） |

| 主色 | 辅色 |
|---|---|
| RGB（36，17，2） | RGB（254，180，57） |

　　该网页使用浅蓝色作为背景，加上搭配纯度较高的红色和深蓝色，能够体现出冬天的特点。

　　该网页通过使用虚化背景图片的效果来间接突出网页主题。加入黄色和红色，使网页体现出温暖与激情。

## 3.5　网页元素色彩搭配

网页中的几个关键要素，如网页 Logo 与网页广告、背景、导航与文字，以及链接文字的颜色应该如何协调，是网页配色时需要考虑的问题。

### 3.5.1　导航菜单

导航菜单是网页视觉设计中非常重要的部分，它的主要功能是帮助用户访问网页内容，一个优秀的网页导航，应该站在用户的角度进行设计，导航设计的合理与否将直接影响用户的选择。在设计时，既要注重表现导航，又要注重整个页面的协调性，如下图所示。

由黑色和绿色组成的导航条

| 主色 | 辅色 |
| --- | --- |
| RGB（218, 226, 89） | RGB（3, 3, 3） |

网页使用明度较高的绿色作为背景色，搭配黑色组成导航菜单，栏目清晰、明确。

导航菜单是网站的指路灯，浏览者要在网页间跳转，要了解网页的结构和内容，都必须通过导航或页面中的一些小标题来进行。所以网页导航可以使用具有跳跃性的色彩，吸引浏览者的视线，使浏览者感觉网页结构层次分明，如下图所示。

次标题

| 主色 | 辅色 |
| --- | --- |
| RGB（101, 69, 31） | RGB（212, 14, 2） |

主导航菜单使用灰色，与背景的色彩差异较大，副导航采用多彩色，使页面表现丰富、清晰。

### 3.5.2　Logo 与广告

Logo 与广告是宣传网页最重要的工具，所以这两部分一定要在页面上脱颖而出。设计时可以将 Logo 和广告色彩与网页的主题色分离，这是为了更突出 Logo，也可以使用与主题色相反的颜色。

- **精彩案例分析**

Logo —　　—广告

| 主色 | 辅色 | 点缀色 |
|---|---|---|
| RGB（189，167，144） | RGB（41，49，70） | RGB（239，144，140） |

| 主色 | 辅色 |
|---|---|
| RGB（106，0，0） | RGB（248，241，213） |

　　网页使用明度较高的深蓝色和棕色搭配，表现出稳重的印象，网页 Logo 则采用明度较高的白色，这使 Logo 非常突出。

　　网页中的红色背景与主题色彩浅茶色形成强烈对比，可以将网页中的广告部分突出表现出来。

### 3.5.3　背景与文字

　　如果一个网页用了背景颜色，则必须考虑前景文字和背景用色的搭配。一般的网页侧重的是文字，所以背景可以选择明度较低或纯度的色彩，文字用较为突出的亮色，让浏览者一目了然。

## *1*　艺术性文字

　　艺术性的文字设计可以更加充分地利用这一优势，即以个性鲜明的文字色彩，突出网页的整体设计风格，总之，只要把握好文字的色彩和网页的整体基调，风格保持一致，对比中又不失协调，就能够自由地表达出不同网页的个性特点，如下图所示。

艺术性<br>文字 —

| 主色 | 辅色 |
|---|---|
| RGB（106，0，0） | RGB（248，241，213） |

　　页面使用棕色和黄色作为主调色，通过棕色的艺术文字处理，使页面更加活泼。

### 2 突出背景与文字

为了使浏览者对网页留有深刻的印象，有时我们也会在背景上做文章。为了吸引浏览者的视线，突出背景与文字，可以以绿色为背景，然后设置文本颜色为白色，这样会使浏览者在阅读时有一种简洁清晰的感觉，如下图所示。

网页内容
为白色文字

| 主色 | 辅色 |
| --- | --- |

RGB（130，147，1） RGB（255，206，35）

使用绿色作为网页的背景色，给人一种自然的感觉。搭配白色文字，在深绿色的背景中很显眼，给人简洁的感觉。

### 3.5.4 链接文字

一个网站不可能只是单一的一个网页，所以文字与图片的链接是网站中不可缺少的部分。现在人们的生活节奏快，很少浪费太多时间去寻找网页的链接。因此我们在设置链接时，要设置独特的颜色，使浏览者自然而然去单击链接，如下图所示。

链接文字
背景与背
景色形成
对比

| 主色 | 辅色 |
| --- | --- |

RGB（45，68，104） RGB（163，62，77）

该网页以蓝色为背景色，搭配白色文字，链接文字在不同状态下都保持与背景的强对比。

文字链接属于叙述性的文字，所以文字链接的颜色与其他文字颜色不能一致，突出网页中链接文字的方法有两种。

### 1 链接文字改变颜色

第一种是当鼠标移至链接文字时，链接文字将改变颜色，突出链接文字效果，下图所示为改变颜色的链接文字。

当鼠标移
至链接文
字时，链
接文字改
变颜色

| 主色 | 辅色 |
| --- | --- |

RGB（192，228，245） RGB（54，46，39）

使用对比色进行搭配，能够有效地突出网页中的文字，当鼠标移至文字链接上时，链接文字改变颜色。

## 2　链接文字改变背景颜色

第二种是当鼠标移至链接文字上时，链接文字的背景颜色发生变化，突出链接文字。下图所示为改变背景颜色的链接文字。

当鼠标移至链接文字时，链接文字的背景颜色改变

| 主色 | 辅色 |
| --- | --- |
| RGB（98，198，188） | RGB（255，255，0） |

网页中的文字链接与背景使用了对比配色，当鼠标移至链接文字时，改变链接文字背景色，从而进行区分。

# 第 4 章　网页布局配色

网页通常由块状结构组成。合理布局这些内容可以获得良好的用户体验。同样布局内和布局间的颜色搭配也会影响到整个页面的效果。本章将针对网页标志配色、网页导航配色、网页图片配色和网页整体布局配色进行讲解，帮助读者理解布局配色对页面整体效果的影响。

## 4.1　网站标志配色

一个好的网站不仅需要布局排版漂亮，而且色彩搭配也需要让浏览者看着舒服，这就需要将文本颜色、网站背景、图片色彩都处理得很好。巧妙地利用企业标志自身的颜色，可以在向浏览者传达企业文化的同时，获得令人记忆深刻的配色方案。

### 4.1.1　游戏网站标志配色

游戏网站的设计和游戏的类型有着直接关系，如果是网游或格斗类的网站，网站页面往往配色丰富，显得恢宏大气；如果是一些益智类的小游戏，网站页面往往会突出主色，显得清新活泼。

- 网站名称：SAFARIPARK
- 网站概述：这是一个跑酷类的游戏网站，为了突出网站内容的娱乐真实性，网站采用了棕色作为主色，同时分别使用代表地面和天空的绿色和蓝色作为辅色。

| 项目背景 | 项目类型 | 游戏网站 |
| --- | --- | --- |
|  | 受众群体 | 青少年 |
|  | 表现重点 | 游戏类型和品牌 |
| 配色技巧 | 色相 | 棕色、绿色、蓝色 |
|  | 色彩辨识度 | 高 |
|  | 色彩印象 | 精致、画面感清晰 |

主色

RGB（134，88，45）RGB（218，167，79）

辅色

RGB（58，162，21）　RGB（21，95，16）

点缀色

RGB（57，236，251）RGB（3，192，253）

网页标志色为棕色，所以网站中大片面积使用深棕色或浅黄色来突出标志色。

网页文本颜色是亮黄色到橘黄色和白色到蓝色的渐变色，高明度色使得文本较突出。

整体色调以深色为主，搭配精美的画面，给人大气、深邃的感觉。

89

- 精彩案例分析

主色　　　　　　　主色对比　　　　　　　辅色对比　　　　　　标志色对比

　　游戏类网站为了给浏览者留下深刻的印象，通常都有页面精美、色彩鲜明等特点。本案例的游戏网站页面虽整体色调不是以明艳色调为主，但是依然可在细节之处看到一些明艳的颜色。

- 建议延伸的配色方案

RGB（89，159，45）　RGB（232，194，129）　　　RGB（0，165，255）RGB（48，142，11）

　　将页面中的荒漠变为翠绿的草地，绿色的草地和主体部分的土地进行了呼应，给人一种生机感。

　　增加蓝色和绿色的明度，使得页面看起来更加明亮，页面整体也更加偏向自然化，更加舒适。

- 不建议延伸的配色方案

RGB（73，31，27）　　RGB（93，219，41）　　　RGB（205，155，65）　　RGB（27，237，255）

　　页面中背景颜色为深红色，与绿色对比强烈，大面积的对比会给人不和谐的感觉。不建议使用对比过于强烈的配色方案。

　　页面中浅黄色的背景明度过高，不能起到烘托作用。整个页面色彩单调，无法引起浏览者的兴趣，且与网站主题不符。

提示：网页中的信息数量多且种类繁杂，而游戏网站不仅是满屏幕的信息，更有恢宏的游戏背景及丰富的颜色信息，这样很容易让浏览者产生视觉疲劳，所以，游戏网站最好有一个主色调来统筹网站配色。

- 配色方案解析
  - 确认网页主色
  - 添加网页辅色

**1**　　网站是一个跑酷类的游戏网站，所以网站主色选择贴合网页主题的棕色，棕色同时也是网页中占用面积最大的颜色。

**2**　　采用暖色系的黄色和冷色系的蓝色作为网页的辅色，冷暖色调相结合，网页颜色显得非常平衡。

  - 确认文本颜色
  - 完成网站配色

**3**　　确定网页文本颜色，分别使用橙色到黄色和蓝色到白色的渐变色。文本效果突出，色彩搭配和谐。

**4**　　网页中的图像尽量使用同色系颜色，也不可过多使用颜色，文本颜色理应简单大方，突出主题。

• **精彩案例分析**

RGB（254，197，10）　　RGB（212，57，27）

RGB（252，246，196）　RGB（242，252，254）

　　游戏网站的主色选用标志色黄色，明亮的黄色既可以吸引浏览者的目光，又能与顶部标志相呼应。

　　网页采用了橘黄色标志的邻色黄色，明亮的黄色使网页显得明艳动人。同色系的色彩搭配方案使得页面效果和谐统一。

> **提示：**对初学者而言，用纯色可以拉开与背景的差别，让玩家第一眼就能认出这个按钮，并且明白是干什么的，那么用户的设计也就成功一半了。

### 4.1.2　新闻网站标志配色

　　新闻网站的配色相对于其他类型网站简单得多，因为新闻网站以传递信息为主要目的，网站布局就会简洁明了，最好一目了然。较少使用颜色可以使网站的标志突出，同时显得页面干净整洁，更利于浏览者阅读。

• 网站名称：科学网

• 网站概述：科学网是一个典型的新闻类网站，网站使用颜色种类少，布局简单明了。使用了红色和绿色的补色搭配方案，可以给浏览者带来强烈的视觉冲击。

| 项目背景 | 项目类型 | 新闻网站 |
| --- | --- | --- |
| | 受众群体 | 中年人、老年人 |
| | 表现重点 | 时事新闻要点 |
| 配色技巧 | 色相 | 红色、黑色、蓝色 |
| | 色彩辨识度 | 高 |
| | 色彩印象 | 简洁、明了、大方 |

主色

RGB（182，19，20）　　RGB（130，14，14）

辅色

RGB（44，146，99）　　RGB（213，233，224）

点缀色

RGB（38，38，38）　　RGB（231，227，228）

　　网页标志色为红色，所以网页主色为红色。白色作为背景色，整个页面显得干净整洁。

　　网页使用绿色作为辅色。与主色形成了强烈的对比。黑色的文本起到协调作用。

　　页面顶部大面积的红色与页面中零散的绿色形成补色对比。

- 案例分析

主色　　　　主色对比　　　　辅色对比　　　　标志色对比

　　红色被中国人认为是吉祥、喜庆的颜色。在此页面中红色是为了突出新闻的及时性和实效性。红色和绿色为补色，搭配时最好通过中性色协调使用。

- 建议延伸的配色方案

RGB（197，34，35）　　RGB（213，233，224）

RGB（130，14，14）　　RGB（245，168，168）

　　将页面主色的亮度提高，既没有影响整个页面的效果，又使得整个页面看起来更加明亮。

　　网页主色采用标志色红色，网页辅色选用低纯度的红色，这是使用了同色系的配色方案，可以使整个网页色调一致。

　　**提示：**新闻门户网站在设计制作时存在以下几个特点：色彩与用户审美的统一、色彩与内容的统一、色彩与功能的统一和色彩与构图的统一。

- **不建议延伸的配色方案**

RGB（5，3，3）　　RGB（44，146，99）　　RGB（86，31，179）　　RGB（44，146，66）

　　网页主色为黑色，与网页文本颜色相同，这种配色方案没有问题。但应用到新闻页面则略显沉闷。

　　紫色代表神秘、忧郁等感觉，并不适合作为主色出现在非常庄重和正规的新闻网站中，鲜艳的紫色在网站中显得特别突兀。

- **配色方案解析**
  - ↵ 确认网页主色
  - ↵ 添加网页辅色

**1**　　网站属于正规、庄重的新闻网站。采用标志的红色作为网页的主色，并将网页的背景色调整为简约的白色。

**2**　　网页主色为亮眼的红色，网页标题文本颜色使用了白色，高明度的红色衬托了中性色，使网页文本突出。

↙ 确认文本颜色

↙ 完成网页配色

**3** 　页面中的标题部分采用了绿色。这种小面积分布与大面积的红色和谐相处，页面看起来清晰和谐。

**4** 　网页主色为红色，使用一些图形和图片与之呼应，既可以很好地突出主体，又可以使网页显得不那么单调。

• **精彩案例分析**

RGB（91，155，8）　　RGB（252，171，28）

网页采用网站标志色——绿色作为主色，使用黄色作为辅色。页面采用邻色搭配，整个页面效果清新，传达欣欣向荣的色彩意向。

RGB（182，19，20）　　RGB（3，97，162）

科学新闻网站的标志色为红色，故将主色和文字标题设置为红色，将蓝色作为辅色。采用红蓝补色搭配法，主题明确，对比强烈。

> **提示：**新闻网站由于其地位的特殊性，所以在界面色彩设计时，一般要以科学的色彩理论为指导，以敏锐的感觉去发现，以高超的配色技巧去完成，当前各大网站大多以蓝色／红色／黑色为主调，以求与受众的知觉、思维习惯达成一致。

### 4.1.3 电商网站标志配色

网页色彩不仅仅展现了设计页面的外表，更是一种具有情感和标志性的语言。电商类网站通常包含很多图片，图片的色调会直接影响整个页面的色彩搭配方案。建议尽量采用白色等简洁的颜色作为背景色。巧妙地利用网站标志的颜色，可以节省不少精力。

- 网站名称：当当网
- 网站概述：网页为电商网站首页。为了便于浏览者快速找到想要找的产品。背景采用白色。同时使用网站的标志色——红色作为主色，使得整个页面色调和谐统一。

| 项目背景 | 项目类型 | 电商网站 |
|---|---|---|
| | 受众群体 | 青年人 |
| | 表现重点 | 展示商品好看的外观和实用的用途 |
| 配色技巧 | 色相 | 红色、青色 |
| | 色彩辨识度 | 高 |
| | 色彩印象 | 信息多且杂 |

主色

RGB（237, 36, 55）RGB（232, 26, 47）

辅色

RGB（71, 154, 136） RGB（77, 181, 158）

点缀色

RGB（255, 246, 94） RGB（255, 144, 81）

当当网的标志为红色，故页面中使用了红色作为主色，并在页面顶部使用大面积的红色突出主题。

页面中使用青色作为辅色，与红色形成补色搭配。文字则使用中性色——黑色和白色，起到调和作用。

页面中的导航栏、广告和标题栏都使用了红色背景，将标志色应用到了极致，页面效果和谐统一。

- **案例分析**

主色 　　　　　主色对比 　　　　　　　　辅色对比 　　　　　　标志色对比

　　标志色通常是一个品牌的标准色，与品牌的文化有着直接关系。选择标志色作为主色可以和品牌风格统一，有利于品牌推广。

- **建议延伸的配色方案**

RGB（254，122，187）　RGB（253，167，44）　　　RGB（155，117，204）　RGB（105，126，232）

　　将网页主色改变为粉红色，与橙色搭配。整个页面效果甜美。比较适合网站在相关节日推广使用。

　　将网站主色改变为紫色，并将网页辅色调整为与主色同色系的蓝紫色，整个网页变得沉稳、大气。

> **提示：** 由于浏览者的审美差异，可能也会对颜色的代表性有着不同看法。电商网站是针对消费者的，就要注意特定人群的审美和观点，然后选取众人居多的观点，以此来确定网页的主色和主题。

- **不建议延伸的配色方案**

RGB（234，217，202）　　RGB（33，91，53）　　　RGB（41，110，65）　　RGB（232，190，107）

　　网页主色为浅棕色，辅色为绿色。整个页面主题不突出。辅色内容过于明显，页面左右不均衡。

　　网页主色为绿色，辅色为浅棕色，整个页面显得过于沉闷和严肃，虽然有浅色调试，但由于面积过小，作用有限。

提示：网站文字字形上的设计，要考虑文字的字体、大小、颜色和排列，通常情况下网页字体的大小为 12 像素，字体颜色默认黑色。最好的网站是以所有浏览者都能看到的字形为主，尽可能地避免给浏览者带来不必要的麻烦。

- **配色方案解析**
  - ↵ 确认网页主色
  - ↵ 添加网页辅色

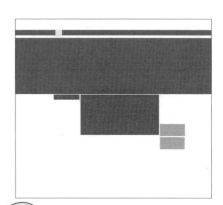

**1** 　　网站是电商网站，所以选择代表热烈、喜气和活力的红色来作为网站的主色。

**2** 　　选择能够传达出网站特点的青色作为辅色。大面积的红色向浏览者传递热情的浏览体验。

  - ↵ 确认文本颜色
  - ↵ 完成网站配色

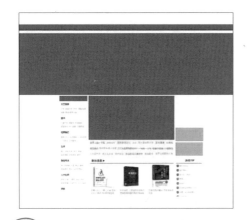

**3** 　　页面中标题文本和正文文本采用黑色，清晰且便于阅读。同时对重点文字采用红色突出显示。

**4** 　　对与页面相关的产品图片以及各种小装饰部件，尽量使用主色和辅色的色调，以保证页面风格统一。

• **精彩案例分析**

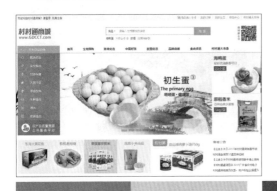

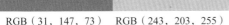

RGB（31，147，73）　　RGB（243，203，255）　　　RGB（213，12，12）　　RGB（255，198，191）

　　网页是一个农商品的电子商务网站，网站标志色为绿色，代表生机和农作物。网站主色选取标志色，并选择紫色、黄色和蓝色作为辅色，页面效果干净且丰富。

　　网页标志色为红色，如果直接用作主色则与当前网站风格不符，故降低主色的纯度，使用粉红色作为主色，整个页面温馨、浪漫。

> **提示：** 在网站内放置图片时，记得颜色贴近主色色系。色系简单分为暖色系和冷色系，再详细一点，可以分为各种颜色的色系。这种色系的区分，在于主观浏览者的差异，从图片内容来说，最好能够契合商务的主题。

## 4.1.4　图书网站标志配色

　　为了吸引用户的注意力，图书网站通常在颜色的使用上比较大胆，会使用一些明度较高的颜色。一个页面中通常只能使用一种明度较高的颜色，其他辅色尽量降低明度与其配合。避免页面效果过于炫目，影响浏览者查找内容。

• 网站名称：symantec
• 网站概述：该页面为一个图书销售类页面。为了吸引浏览者的注意，将页面的广告栏和产品图都设置为明度较高的黄色，同时使用低明度的黑色作为辅色。

| 项目背景 | 项目类型 | 图书网站 |
| --- | --- | --- |
| | 受众群体 | 青年人、中年人 |
| | 表现重点 | 图书产品 |
| 配色技巧 | 色相 | 黄色、绿色、黑色 |
| | 色彩辨识度 | 高 |
| | 色彩印象 | 轻松、愉悦 |

主色

RGB（254，193，4）　RGB（255，237，83）

辅色

RGB（57，57，59）　RGB（230，223，213）

点缀色

RGB（185，206，69）　RGB（200，168，95）

　　网站的标志色为黄色和黑色。页面中使用了黄色作为主色，与左上角的标志对称。

　　高明度的黄色具有前进感，强调作用不言而喻。右下角的绿色则是邻色搭配的最佳方案。

　　页面中使用辅色作为背景，与明亮的黄色对比强烈。主题突出的同时，也突出产品图。

- **案例分析**

主色　　　　主色对比　　　　辅色对比　　　　标志色对比

　　页面中无论是主色还是辅色，都没有直接使用纯色，而是使用邻色的搭配方式创建渐变效果。这样做的目的除了可以丰富页面效果外，还可以增加整个页面的层次感。

- **建议延伸的配色方案**

RGB（248，148，39）　RGB（173，190，43）

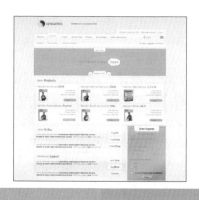

RGB（159，193，37）　　RGB（238，177，32）

　　修改页面主色为橙色。橙色与黄色为同色系颜色，所以对整个页面效果影响不大。

　　将页面中的主色和辅色互换。绿色的主色和标志，与黄色的辅色搭配依旧非常和谐。

> **提示：** 网站的标志配色一般来说，都是根据企业产品的属性或是企业文化来确定的。例如，中国农业银行的标志色为绿色，中国银行的标志色为红色。

- **不建议延伸的配色方案**

RGB（106，161，237）　RGB（154，192，70）　　　RGB（248，98，94）　　RGB（171，183，49）

代表忧郁、严肃的蓝色不适合图书网站用作主色，大面积蓝色和大面积绿色搭配，会产生强烈的不适感。

使用高明度的红色作为网页主色，搭配高明度的绿色，整个页面对比强烈，容易使人忽略产品信息。

- **配色方案解析**
  - ↙ 确认网页主色
  - ↙ 添加网页辅色

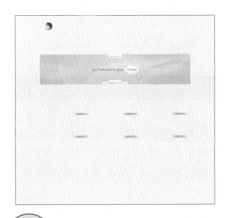

①　首先确定网页主色为黄色。使用主色区分页面结构，绘制出页面广告栏部分。

②　通过使用渐变的方法，获得更为丰富的效果。同时创建主色系的按钮元素。

- ↙ 确认文本颜色
- ↙ 完成网站配色

 **3** 为页面添加文字，并将正文文字颜色设置为黑色。页面需要突出的部分采用绿色，实现邻色搭配效果。

**4** 为页面添加产品图。为了保证整个页面的色调一致，产品图中均有主色的元素。

- • **精彩案例分析**

RGB（15, 109, 196）　RGB（79, 160, 223）

RGB（172, 64, 28）　RGB（230, 226, 127）

页面采用标志色作为主色。文字颜色使用主色。图片使用蓝色调和黄色调。蓝色调效果统一，黄色调则对比强烈。

网页采用标志色——橙色作为主色。页面中的交互效果和图标也都使用相同的颜色，整个页面效果丰富且统一。

> **提示**：网页标志色一般为网页的标志的颜色，通常代表一个企业的企业文化和发展方向。网站的标志色具有科学化、差别化和系统化的特点，其具有极强的传播和识别功能。

#### 4.1.5　个人网站标志配色

日本和韩国的网站常常喜欢使用明亮色系的颜色，如黄色、红色。而欧美网站则喜欢使用暗色系的颜色，如蓝色、黑色。不同明度的颜色带给浏览者不同的视觉体验。对于个人网站来说，通常都是为了展示个人特长的，所以会选择一些鲜艳的颜色。

* 网站名称：Built for the future
* 网站概述：个人网站选用明亮的橙色和黄色来完成网页配色，较为轻快的色调可以为浏览者留下较好的色彩印象。

| 项目背景 | 项目类型 | 个人网站 |
|---|---|---|
| | 受众群体 | 青年人 |
| | 表现重点 | 展示个人信息 |
| 配色技巧 | 色相 | 橙色、青色 |
| | 色彩辨识度 | 高 |
| | 色彩印象 | 热烈、奔放 |

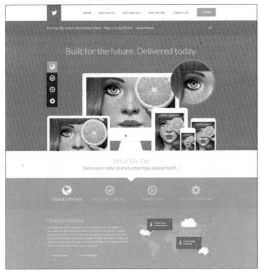

主色

RGB（255，95，37）　RGB（255，106，40）

辅色

RGB（59，192，201）　RGB（247，216，48）

点缀色

RGB（60，60，60）　RGB（255，255，255）

网站的标志色为橙色。页面布局大胆新颖。选择标志色作为主色，通过同色系搭配法实现页面的统一。

页面中使用与橙色同色系的黄色作为补色，增加页面层次感。使用补色青色突出页面重点内容。

页面布局自由。在颜色的运用上采用了面积对比的方法——大面积主色搭配小面积辅色。

* **案例分析**

| 主色 | 主色对比 | 辅色对比 | 标志色对比 |

　　网站标志色为橙色，具有诱人的口感。将标志色作为页面的主色是最简单的搭配方法。采用降低饱和度的同色系搭配法，可以保证页面色调的统一。使用补色搭配则会增加页面的冲突感。

- **建议延伸的配色方案**

RGB（58，202，71）　　RGB（223，49，11）

　　页面依旧使用标志色作为主色。在大面积使用主色时降低了色彩的饱和度。与明亮的绿色搭配时，对比强烈又不会太冲突。

　　页面采用了红色作为主色。红色与标志色为同色系。页面效果并没有太大改变，只是缺少了一点口感。

- **不建议延伸的配色方案**

RGB（255，252，41）　　RGB（223，49，11）

　　黄色与标志色互为邻色。明亮的黄色与明亮的青色搭配，对比过于强烈，主题不突出，给浏览者带来刺眼的视觉体验。

RGB（217，39，255）　　RGB（223，49，14）

　　页面中的红紫色、橙色与青色搭配。色彩过多，且每种颜色面积都太大。整个页面杂乱无章，没有主题。

- 配色方案解析
  - 确认网页主色
  - 添加网页辅色

**1**　　　确定标志色。选择标志色作为导航的颜色。降低标志色的饱和度获得背景色。使用补色增加对比。

**2**　　　为页面添加中性色进行调和。文本颜色和图标颜色都采用白色，降低页面的冲突感。

- 确认文本颜色
- 完成网站配色

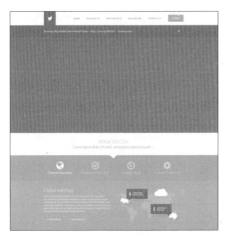

**3**　　　使用小面积的补色搭配，使页面效果上下对称。补色的应用可以突出页面中重点内容。

**4**　　　为页面加入同色调的核心图。继续使用中性色和补色点缀页面。整个页面稳重且主题明确。

• **精彩案例分析**

RGB（108，161，11） RGB（145，147，125）　　RGB（145，61，157） RGB（236，197，106）

页面中采用了标志色——绿色作为主色。无论是导航背景还是图片色调都统一为绿色。整个页面色调高度统一。灰色背景的使用更衬托出页面的稳重与朴素。

页面的标志有紫色和白色两种颜色。大面积的白色与小面积的紫色搭配，整个页面色调统一，主题突出，且页面的色彩对比做得很好。

## 4.2　网站导航配色

导航菜单通常位于页面的顶部。对于网站的交互起着至关重要的作用。在颜色的搭配上要尽量清晰，便于用户查找。通常都会采用与主色互补的颜色，以便突出，更加明显，也有使用黑色和白色等中性色作为导航背景的。

### 4.2.1　教育网站导航配色

教育网站通常比较正统。页面简洁大方，导航也会简洁明了，便于用户交互查找。建议使用较为简洁的纯色。为了突出导航内容，可以使用补色搭配法或者适当增加导航条面积的方法。

- 网站名称：JSPICTURES 教育
- 网站概述：简洁大方的教育网站页面，白色的导航栏搭配半透明的背景图，形式多样的介绍信息。

| 项目背景 | 项目类型 | 教育网站 |
|---|---|---|
| | 受众群体 | 青年人、中年人 |
| | 表现重点 | 展示学校的价值 |
| 配色技巧 | 色相 | 黑色、红色 |
| | 色彩辨识度 | 高 |
| | 色彩印象 | 简单大方、印象深刻 |

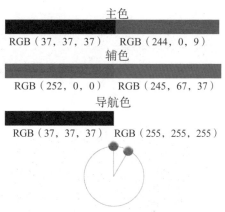

主色

RGB（37，37，37）　　RGB（244，0，9）

辅色

RGB（252，0，0）　　RGB（245，67，37）

导航色

RGB（37，37，37）　　RGB（255，255，255）

　　页面采用黑色为主色，以突出页面的稳重感和可信度。辅色用来关注页面的重点。

　　白色的导航条位于页面的顶部，与底部白色背景对称。灰色文字对比清晰，便于查找。

　　页面中使用了鲜艳的红色和橙色作为辅色，丰富了页面效果。

- 案例分析

主色　　　　　　　主色对比　　　　　　　　辅色对比　　　　　　导航色对比

　　网站导航是典型的全局导航，分布在网站顶部。导航的背景使用了与主色相反的白色。在整个页面中很容易被找到。黑色的文字既与页面色调统一又便于查找。

- 建议延伸的配色方案

RGB（254，67，37）　　RGB（21，18，19）

RGB（246，1，2）　　RGB（21，18，19）

　　页面辅色由两种变为了一种。整体页面效果更加简洁统一。减少颜色可以更好地突出页面内容，将浏览者的注意力集中在导航条上。

　　网站主色为红色，使用同色系的配色方案将主题图更改为红色，图片与主色相呼应。整个网站变得生动明艳，更加鲜活。

提示：全局导航通常说的就是网站中的导航栏，一般情况下都是在网页的最上方看到的那组链接。网站的内容一般都是通过建立一个层级组织系统来对网站所有内容分类，这个层级组织最上端的类别就是全局导航。

- **不建议延伸的配色方案**

RGB（104，11，219）　　RGB（21，18，19）

RGB（132，81，8）　　RGB（21，18，19）

　　页面为教育类网站。采用紫色这种具有恐怖色彩意向的辅色十分不合适。整个页面压抑感十足。

　　对于使用黑色为主色的页面。使用明度较低的辅色也不太合适。整个页面给人感觉非常沉闷。

提示：网站中全局导航一般只有一个，而局部导航可以有很多个，并且局部导航下面还可以再次创建局部导航。

- **配色方案解析**
  - ↙ 确认网页主色
  - ↙ 添加网页辅色

① 制作网站的头部。将网站的标志放置在醒目的左上角。网站导航背景色设置为白色。导航文字设置为灰色。

② 使用半透明黑白色调的主图，向浏览者传达可靠的信息。同时使用清晰的文字突出主题。彩色按钮为页面增加情趣。

↰ 确认文本颜色

↰ 完成网站配色

 　网页主体内容中的文本和导航栏的文本颜色相同，在白色背景下的黑色文字轻快简洁。

**4** 　在网页中适当加入一些图形或图像元素，可以使网页变得非富多彩。

· **精彩案例分析**

RGB（0，140，191）　RGB（86，86，86）

RGB（246，186，20）　RGB（251，178，109）

网站主色为蓝色，辅色为灰色。网站导航栏为白色，在网页左侧以竖排分布，新颖的网站布局方式更容易让人记住。

网页主色为黄色，辅色为橘黄和绿色。网页导航栏、网页标题均采用网页主色显示，突显主题。

> **提示：**用户在浏览网站时，要能够随心所欲地看到自己想要的东西，而不用通过搜索引擎，那么全局导航就需要在网页的每一个子页面中出现。无论用户在哪里都可以通过全局导航访问网站的任何地方。

### 4.2.2　家居网站导航配色

用户访问网站的主要目的就是为了寻找信息，而网站导航系统就是帮助用户找到这些信息。怎样才能让用户快速精准地找到有用的信息，这就是导航的设计和职责了。一个好的网站导航不仅拥有导航功能，还应该拥有好的配色，让用户快速找到自己并为他们服务。

· 网站名称：The INPLUS

· 网站概述：家居网站采用上下两部分的布局方式，上部分的主题图突出网页主题，下部分的文本和图形是网页的相关叙述。

| 项目背景 | 项目类型 | 家居网站 |
| --- | --- | --- |
| | 受众群体 | 中年人 |
| | 表现重点 | 展示家居特点和家居风格 |
| 配色技巧 | 色相 | 蓝色、黄色 |
| | 色彩辨识度 | 高 |
| | 色彩印象 | 温馨、舒适 |

主色

RGB（174，198，204） RGB（122，167，166）

辅色

RGB（251，251，246） RGB（0，50，71）

导航色

RGB（74，97，104） RGB（255，254，254）

网页主色为海蓝色。将海蓝色降低饱和度，用作网页的背景，整个页面给人清醒、清爽的感觉。

网页辅色使用主色的同色系颜色深绿色和主色的邻色米黄色，为网页增加舒适感和温馨感。

网页导航文字使用了宝蓝色，与主色为同色系。二级菜单使用了水蓝色，效果清晰，色调一致。

> **提示**：导航的作用就是引导用户完成网站各内容页面间的跳转。这个是最常见的，全局导航、局部导航和辅助导航等都是为了引导用户浏览相关的页面。

- **案例分析**

主色 　主色对比 　辅色对比 　导航色对比

　　家居网站采用墨绿色作为网页主色，使用同色系的配色为网页选取背景色和辅色，使网页整体色调保持一致。

- **建议延伸的配色方案**

RGB（204，200，241） RGB（250，250，243）

　　网页主色为低明度的紫色，搭配深绿色的辅色和黑色的正文文本颜色，使得网页看起来温馨大气，白色的导航文字被突显。

RGB（196，215，205） RGB（86，133，103）

　　网页主色为绿色，搭配墨绿色的标题文本和白色的导航文本，同色系的主色和辅色相辅相成，使得整个网页干净舒适。

提示：导航也可以定位用户在网站中所处的位置。这个在例子导航中得到了充分的体现，它帮助用户识别当前浏览的页面与网站整体内容间的关系，及其与网站中其他内容的联系和区别。

- **不建议延伸的配色方案**

RGB（243，169，168）　　RGB（15，83，89）

RGB（80，80，79）　　RGB（254，215，144）

网页的主色为粉红色，搭配墨绿色的辅色，形成强烈对比，降低了页面的舒适感。家居网站针对人群广泛，粉红色的网页主色会使网站流失一部分男性用户。

网页主色为黑色，文本颜色为绿色，辅色为黄色，由于主色的明度较暗，与辅色墨绿色相近，整个网页明度太低，网页的导航浏览不太清晰。

提示：为了保证用户在重复查找的过程中区分哪里访问过，哪里没访问过，要对网站的所有导航链接设置"已访问过的颜色"，用户可以在已访问过的内容中重复查找，交互的重要性就体现在这里。

- **配色方案解析**
  - ↙ 确认网页主色
  - ↙ 添加网页辅色

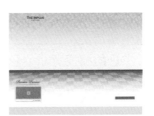

**1** 因为是家居网站，所以网站主色选用低调奢华的低明度的海蓝色。页面效果清新和淡雅，不同饱和度主色的搭配使得页面层次丰富。

**2** 网站辅色选择与主色同一色系的宝蓝色和中性色灰色，宝蓝色按钮为网页增加惊喜感，灰色的图形则降低了网页的明度。

☛ 确认文本颜色

☛ 完成网站配色

**3** 网页的文本颜色使用了白色、黑色和蓝色3种颜色，不同的颜色具有不同的作用。白色导航栏里的文字明度较高，突出显示内容。

**4** 宝蓝色的相框边缘加上米黄色的图片，为明度偏低的网页增强了明度，为网页增添温馨感，同时使网站颜色不那么单调。

· **精彩案例分析**

RGB（141，210，62）  RGB（123，128，78）

RGB（141，210，62）  RGB（119，66，51）

网站采用绿色的主色和背景色，搭配白色、蓝色和粉色等辅助色。整个页面生动活泼，春意盎然。导航采用了主色的渐变背景，色调统一，主题明确。

网站二级页面依旧采用绿色为背景色和主色，主体部分的背景色为白色，利于突出主体部分的内容，同时白色的导航也较鲜明。

> **提示**：网页导航也可以理清网站各内容与链接间的联系，是对网站整理内容的一个索引和理解，最常见的应用就是网站地图和内容索引表，它们展现了整个网站的目录信息，可以帮助用户快速找到相应的内容。

### 4.2.3 食品网站导航配色

食品网站通常会采用暖色系的颜色作为主色。如红色、黄色和橙色。这些颜色通常会带有"口感"，能够使浏览者联想到美味的食物。此类页面中的导航条通常会使用明亮的颜色，以便能在诱人的食物图片中脱颖而出。

- 网站名称：VESELA PASTYRKA
- 网站概述：网站为欧美食品网站中的品牌酒水网站，网页内容简洁明了，网页布局排版大方整洁，网页配色沉稳大气。

| 项目背景 | 项目类型 | 食品网站 |
|---|---|---|
| | 受众群体 | 中年人 |
| | 表现重点 | 展示品牌酒水的魅力 |
| 配色技巧 | 色相 | 棕色、黄色、红色 |
| | 色彩辨识度 | 高 |
| | 色彩印象 | 色泽鲜艳、大胆 |

主色

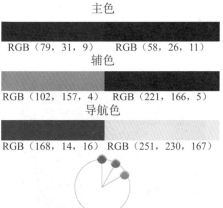

RGB（79，31，9）　　RGB（58，26，11）

辅色

RGB（102，157，4）　　RGB（221，166，5）

导航色

RGB（168，14，16）　RGB（251，230，167）

　　网页主色为棕色，网页导航色选用了主色的间色红色。导航色在大面积的主色下效果明显。

　　网页中间的图片色选择主色的同色系颜色，恰如其分地展示出了食物的美观及口感。

　　白色的网页标题文本突出，强调页面主题。黄色和绿色的图片和按钮使得整个页面色彩丰富，内容充实。

- **案例分析**

主色

主色对比

辅色对比

导航色对比

　　网页整体色调为深色调，所以为网页加入小面积的高明度黄色和红色，提高网页明度，同时丰富网页配色。

- 建议延伸的配色方案

RGB（232，186，12）RGB（199，35，36）

　　使用明黄色作为网页主色。黄色是同样具有口感的颜色。红色的导航条与黄色背景对比强烈又不突兀。文字颜色更改为棕色，便于浏览者阅读。

RGB（58，26，11）　RGB（199，35，36）

　　页面中添加一张色彩丰富的食物照片，丰富整个页面效果。页面中的图片除了要与主色的色调一致外，也要考虑对辅色的影响。

- 不建议延伸的配色方案

RGB（58，26，11）　RGB（252，204，2）

　　网页导航色使用与网页主色同色系的深棕色，在大面积的主色和背景色下，同色系的导航色并不明显和突出，失去了作为导航的意义。

RGB（58，26，11）　　RGB（88，15，175）

　　网页中使用神秘且尊贵的紫色作为网页的导航色，给浏览者一种不和谐的感觉和违和感，显然，紫色并不适合用在这里。

　　**提示**：很好地利用全局导航和局部导航，可以支持用户所有的信息搜索，并且拥有设计合理的导航页面，用户可能就永远也不会单击页面中的结构导航。

- 配色方案解析
  - ↳ 确认网页主色
  - ↳ 添加网页辅色

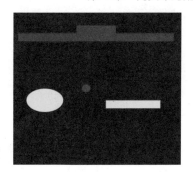

① 　　首先确定网页主色为棕色，设置主色的渐变作为页面的背景。同时使用棕色的色块平衡整个页面的结构。

② 　　添加高明度的黄色和红色为网页辅色，一方面提高网页的明度，另一方面丰富网页色彩，同时影响页面的布局。

↙ 确认文本颜色
↙ 完成网站配色

③ 　　选择明亮的红色作为导航的背景。导航文字设置为明亮的黄色，与背景对比强烈。同时使用白色和黄色完善页面内容。

④ 　　为页面添加核心图。图片中既包括了主色又包括了辅色。这样可以很好地平衡页面色彩搭配。同时黄色按钮也便于用户浏览。

- **精彩案例分析**

　　　提示：当用户阅读到页面底部时，通常会有几个链接将用户带向与浏览页面内容相关的页面，这些链接被称为关联导航。

　　关联导航很容易被设计师忽略，因为它们相当于跨越信息架构和体系结构的快捷途径，不过关联导航是确保网站可用性的最强大驱动力，合理使用关联导航可以提高用户的满足感。

RGB（98，64，125）　　RGB（29，18，35）　　　　RGB（212，206，174）RGB（240，207，154）

选择紫色作为女性内衣网站的主色。主题图为紫色，并且网站导航为深紫色，采用了主色的同色系的配色方案，使网页整体色调保持一致。

网页导航分布中，网页上半部分的一个唱片图片里，白色的导航文字在低明度的黑色背景下，简单清楚明了地展现在网页中。

### 4.2.4　个人网站导航配色

个人网站的配色都是按照个人喜好所决定的，符合补色、间色、邻色等配色方案是第一要义。其次，网页的主色、辅色和点缀色的面积比例也很重要。最后，网页的导航色既要突出也要很好地融进网页。

- 网站名称：travelmag
- 网站概述：个人网站使用明度较高的颜色，网页色调为暖色调，凸显了个人网站不同于企业网站，清亮明快是个人网站的风格。

| 项目背景 | 项目类型 | 个人网站 |
| --- | --- | --- |
| | 受众群体 | 青年人、中年人 |
| | 表现重点 | 展示个人信息及作品 |
| 配色技巧 | 色相 | 黄色、青色、蓝色 |
| | 色彩辨识度 | 高 |
| | 色彩印象 | 精致、画面感清晰 |

主色

RGB（229，192，122）　　RGB（255，206，5）

辅色

RGB（181，221，246）　　RGB（159，133，100）

导航色

RGB（24，154，168）　　RGB（25，157，170）

网页主色为淡黄色，网页导航背景色为蔚蓝色，在大面积的主色下，蔚蓝色的导航格外突出。

网页使用黄色系中的多个颜色作为补色。页面层次丰富又不突兀。同时蓝色的加入也丰富了页面。

小面积的蔚蓝色导航，在大面积的淡黄色中格外突出，同时与底部蔚蓝色的图标对称。

- 案例分析

| 主色 | 主色对比 | 辅色对比 | 导航色对比 |
| --- | --- | --- | --- |

　　网站页面使用左右框架型的布局方式排版网页内容，在统一的背景色下，使用不同的颜色和线条将网页划分为两部分。

- 建议延伸的配色方案

RGB（226，205，119）　RGB（168，40，24）

RGB（119，156，226）　RGB（24，154，168）

　　网页主色为淡黄色，网页导航色为红色，使用了间色的配色方案，在大面积的主色背景下，红色的导航和标题文本突出显示。

　　网站采用同色系的配色方法，选用蓝色作为网页主色，蓝绿色作为网页导航色，整个网页给人一种时尚、大气和内敛的感觉。

　　**提示：** 网页导航是指通过一定的技术手段，为网页的访问者提供一定的途径，使其可以方便地访问到所需的内容，网页导航表现为网页的栏目菜单设置、辅助菜单、其他在线帮助等形式。

- 不建议延伸的配色方案

RGB（233，124，133）RGB（102，166，24）

RGB（168，24，157）　RGB（227，190，120）

　　网页主色粉红色和网页导航色绿色属于间色的配色方案。虽然面积差别大，但是两个明度高的颜色搭配，一定会影响到页面的效果。

　　网页主色为淡黄色，搭配深紫色导航色。紫色和黄色为对比色，低明度的紫色和淡黄色导致网页看起来非常不协调。

> **提示：** 网站导航实际上并不是一个非常确定的功能或者手段，而是一个统称，凡是有助于方便用户浏览网站信息、获取网站服务并且在整个过程中不致迷失、在发现问题时可以及时找到在线帮助的所有形式都是网站导航系统的组成部分。

· **配色方案解析**
　　↳ 确认网页主色
　　↳ 添加网页辅色

**1** 　　首先确定网页主色为淡黄色，可以向浏览者表现出轻柔、和蔼可亲的感觉。这种颜色比较容易让人亲近，适合用作背景色。

**2** 　　根据网页主色为淡黄色，为网页添加蔚蓝色的辅色作为网页的导航背景。互为补色的两个颜色，由于面积差较大，因此搭配合理。

　　↳ 确认文本颜色
　　↳ 完成网站配色

**3** 　　根据网页主色和辅色，选择棕色作为网页正文文本颜色，保持网页色调一致性。网页标题文本使用蓝绿色突出强调。

**4** 　　根据网页主色和辅色，为网页添加蓝色的图片色和黄色的图形按钮，既丰富了网页配色又保持了网页色调的一致性。

● **精彩案例分析**

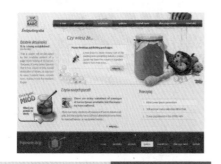

RGB（251，221，122）RGB（208，97，19）　　　　RGB（0，109，50）　RGB（240，238，225）

网页主色为黄色，搭配褐色的网页导航色，使用了同色系的配色方案。网页顶部的褐色导航背景和网页底部的褐色背景色形成呼应。

网页主色为绿色，使用邻色的配色方案，选择橙色作为网页的辅色，背景色和导航色为灰色，网页给人健康和积极向上的感觉。

## 4.3　网站图片配色

网站配色就是协调网站各部分内容的颜色比例，但也绝不能胡乱用色，所以网站用色讲究协调。图片作为网页中的重要组成部分，同样会影响整个页面的搭配效果，而且由于图片往往都具有自己的色调，搭配时就需要进行充分的考虑。

### 4.3.1　家居网站图片配色

图片配色应结合企业形象，来反映网站的统一色调，激发浏览者对网站形象的记忆，并引导用户浏览网站、掌握网站的内容。同时还需要注意，网站中使用的主题图不能过暗或模糊，不然会使图片失去作用。

● 网站名称：HOME deco
● 网站概述：家居网站的色调是明亮而轻快的，所以选择温暖的橙色作为网页的主色，搭配明亮的黄色，使得家居网页看起来温暖、舒适。

| 项目背景 | 项目类型 | 家居网站 |
| --- | --- | --- |
| | 受众群体 | 中年人 |
| | 表现重点 | 展示风格不同的家居设计 |
| 配色技巧 | 色相 | 黄色、黑色 |
| | 色彩辨识度 | 高 |
| | 色彩印象 | 亲切感 |

主色

RGB（251，172，58） RGB（255，245，156）

辅色

RGB（72，72，72） RGB（177，149，163）

点缀色

RGB（168，198，195） RGB（199，135，131）

网页主色为金盏花色，搭配黑色的导航色和黄色的辅色，使网页传达着快乐和温馨。

网页标题文本颜色为黑色，显得大气低调的同时与网页顶部的导航条背景色形成呼应。

页面中的图片都选用了具有黄色调的颜色，与页面的主色搭配融洽。整个页面传达的信息一致。

- **案例分析**

主色 主色对比 辅色对比 图片色对比

网站主色随意，使用面积不多，但由于明度很高，所以非常突出。黑色的导航条在明亮的颜色中异常清楚。明亮轻快的黄色系图片，使网页色调和谐统一。

- **建议延伸的配色方案**

RGB（251，96，6） RGB（209，158，44）

页面导航背景色与主色相同，同为金盏花色。页面整体色调保持一致。导航与图片色调相同，有利于向用户传达整体意向。

RGB（251，96，6） RGB（255，250，160）

页面中标志、导航、背景色和图片都属于黄色系。黄色渐变的背景色增加了页面的层次感。与白色搭配，整个页面温暖、清新。

- **不建议延伸的配色方案**

RGB（63，129，205）RGB（31，171，187）　　　RGB（251，96，6）　RGB（140，252，173）

　　网页主色为橙色，网页图片则全部采用蓝色调的图，浏览者进入网页先看到图片，而主色及导航使网页图片失去原有作用。

　　大面积的绿色背景下，网页主色橙色不明显，将导致浏览者对网页主色和背景色的混淆，网页显得突兀且生硬。

- **配色方案解析**
  - ↵　确认网页主色
  - ↵　添加网页辅色

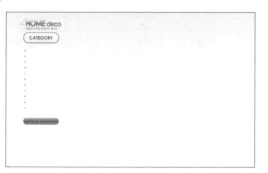

**1**　　　　因为网站是家居网站，所以主色选用明亮柔和的金盏花色，给人温暖、光辉和美丽的感觉。

**2**　　　　制作黑色的导航。金盏花色的明度和纯度值较高，搭配浓郁高贵又明度较低的黑色，会使网页的色彩明度得到平衡。

- ↙ 确认文本颜色
- ↙ 完成网站配色

| ③ | 黑色的文本用在网页的标题文本上，给人大气沉稳的感觉。黑色的导航背景和白色导航文字形成对比，强调突出，便于阅读。 | ④ | 为网页添加图片和图形类的点缀来丰富网页内容和形式。选用的图片和图形色系也遵循了色彩搭配的原理，采用了主色的互补色和邻色。 |
|---|---|---|---|

- **精彩案例分析**

RGB（47，47，47）　　RGB（69，87，109）

网站为家居网站，选用富丽浓郁的黑色作为网站的背景色，选用纯净的白色作为网页主色，搭配绿色和蓝色点缀网页。明亮的图片为暗色系的网页增色不少。

RGB（46，88，126）　　RGB（198，69，0）

在一个以深蓝色为主色的网页里，图片采用与蓝色为互补颜色的橘黄色系，一方面很好地突出了图片主题，另一方面也为网页增添了活力。

> **提示：** 网页图片配色和网页配色一样需要遵循一定的规律和特点，网页配色中的任何规律和特点都同样适用于网页图片配色。

### 4.3.2 企业网站图片配色

　　企业网站中通常会包含很多图片，而且由于信息量较大，很多图片未经处理就直接上传了，这样会造成整个网站页面的不协调。所以在为企业网站上传图片前，要根据页面主色的不同适当调整图片的颜色。

- 网站名称：asa 企业
- 网站概述：网站采用横向排列的上下布局方式来排版网页，同时将主色和网站主体放在网页中间的部分，凸显其重要性。

| 项目背景 | 项目类型 | 企业网站 |
| --- | --- | --- |
| | 受众群体 | 青年人、中年人 |
| | 表现重点 | 企业文化 |
| 配色技巧 | 色相 | 灰色、黄色、绿色 |
| | 色彩辨识度 | 高 |
| | 色彩印象 | 精致、画面感清晰 |

主色

RGB（108，108，108）　RGB（125，125，125）

辅色

RGB（254，206，40）　RGB（139，219，78）

点缀色

RGB（57，96，162）　RGB（132，214，232）

网站使用灰色作为主色，与黄色、绿色、蓝色等多种颜色搭配，给人亲近感。

网页导航背景为中性色黑色，文字为白色，当用鼠标单击导航文字时，文字颜色变为主色橘黄色。

页面中图片采用了绿色色调的图片，向用户传达希望的色彩意向。

- **案例分析**

主色

主色对比

辅色对比

图片色对比

网页为由上到下的三栏的结构布局，网页背景色为低调内敛的灰色。页面中使用色彩丰富的图片素材来烘托页面。所有图片的色彩都包含了绿色色调和黄色色调。

- **建议延伸的配色方案**

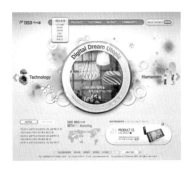

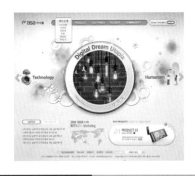

RGB（251，96，6）　RGB（251，253，204）

RGB（109，60，48）　RGB（231，195，134）

网页导航背景色明亮突出，更容易被浏览者看到。网页中心图片选用了一张拥有淡蓝色墙面背景、搭配橘黄灯饰的图片，与整体页面风格协调统一。

网页主图选用了拥有褐色墙面和橘黄色灯光的图片，既与网页辅色黄色形成呼应，又突出强调了网页中的产品主题。

> **提示**：网页图片配色的规律还是基于网页主色的邻色、补色和对比色，根据网页主色选定合适的图片色。

- **不建议延伸的配色方案**

RGB（251，96，6）　RGB（209，93，121）

RGB（251，96，6）　RGB（212，174，59）

网站导航使用橙色背景，搭配粉红色的图片。整个页面看起来没有哪里不妥。但是红色的主题图会将所有注意力吸引过去，而使得其他内容被忽略。

黄白相间的图片配色虽然明亮，却与网页导航条背景色太过接近，很容易导致图片被浏览者忽略，使图片失去原有的作用，且图片本身也过于杂乱，没有主题。

> 提示：在网页配色中，任何部分的配色都不可忽视，网页中使用的图片也不例外。切记网页配图中不可胡乱用图，而要遵循网页配色的一些规则，使网站更加完美。

- 配色方案解析
  - ↙ 确认网页主色
  - ↙ 添加网页辅色

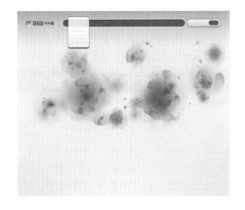

**①** 　　企业网站中灰色可以代表网站的核心元素或思想，企业网站想要传递积极正面的集团思想，所以选用活泼的辅色搭配。

**②** 　　明度较高的橘黄色和明度较低的绿色，搭配无彩色白色、灰色和黑色，平衡网页明度的同时，也显得网页干净清爽。

  - ↙ 确认文本颜色
  - ↙ 完成网站配色

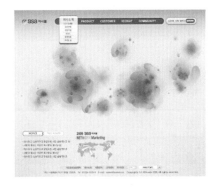

**③** 　　网页文本颜色为黑色，为起到突出作用，顶部导航条内的文本颜色选用黑色的对比色白色。

**④** 　　网页图片配色选用了一张蓝天绿地的图片，蓝色和橘黄色互为补色，网页与图片搭配和谐。

- **精彩案例分析**

RGB（65，129，188） RGB（110，110，111） RGB（153，171，171） RGB（172，182，184）

　　蓝色的网页主色搭配中性色灰色，图片色与主色一致，显得网页干净整洁。网页中大面积的灰色背景下，少量的蓝色被突出显示。

　　网页主色和图片色相一致，使用了同色系的配色方案。网页下方的3张小图色调一致，显得整个网页布局简单，内容明了。

> **提示**：准确而合理地运用好图片，能够快速地传递信息给浏览者，引导浏览者的视觉路线，这为延长访客停留时间以及促进销售至关重要。

### 4.3.3　学校网站图片配色

　　学校网站由于需要展示的内容很多，通常会使用很多的图片和文字。使用与主色色调一致的图片可以使整个页面风格统一，但缺少突出主题的效果。使用与主色色调互补的图片可以使页面对比明显，但会造成视觉上的不适。合理地应用不同色调的图片，是非常重要的。

- 网站名称：ASAedu
- 网站概述：教育网站要表达或传达给浏览者希望和光明的理念，网站设计偏简单化，颜色使用上也较单一。

| | 项目类型 | 学校网站 |
|---|---|---|
| 项目背景 | 受众群体 | 青年人 |
| | 表现重点 | 学校及课程简介 |
| | 色相 | 蓝色、棕色、绿色 |
| 配色技巧 | 色彩辨识度 | 高 |
| | 色彩印象 | 统一协调 |

点缀色

RGB（2，156，193）　RGB（205，240，253）

主色

RGB（111，192，138）　RGB（217，177，126）

辅色

RGB（84，110，146）　RGB（58，136，189）

　　网站选用代表积极向上的蔚蓝色作为主色。页面中图片和文字都选用同色系颜色搭配。

　　页面中使用了绿色和黄色作为辅色，既统一又对比，页面效果丰富、活泼。

　　页面中的图片采用了和主色相同色调的蓝色。整个页面色调高度统一。

- **案例分析**

主色　　　　　　　　主色对比　　　　　　　　辅色对比　　　　　　　图片色对比

　　网页的主色使用了蔚蓝色。蔚蓝色有着天空一样的色彩，让人感觉舒适、轻松，非常适合用作教育类的网页。与同色和邻色搭配，带给人精力充沛的感觉。

> **提示：** 网页图片色使用了和主色同色系的颜色，不仅可以与主色呼应，同时也使网页色彩搭配更加和谐，网页主色更加突显。

- **建议延伸的配色方案**

RGB（67，143，198）RGB（187，251，188）

　　使用代表青春与活力的嫩绿色作为网站主色，会使浏览者第一时间对网站产生好感。页面中蓝色色调的图片与主色搭配，风格一致，主题突出。

RGB（212，241，253）RGB（244，116，33）

　　使用淡蓝色作为网页主色，同时使用邻色绿色作为辅色，再搭配色调为橘黄色的图片，增加对比，突出图片要表达的内容。

127

- **不建议延伸的配色方案**

RGB（212，241，253）　　RGB（188，60，49）　　　　RGB（2，86，193）　　RGB（253，205，213）

蓝色的网页主色搭配绿色的网页辅色，使用了邻色搭配的配色方案。页面中使用了红色色调的图片，对比过于强烈。导致页面效果不统一，不便于浏览。

深蓝色的网页主色，低明度粉红色的网页背景，不符合教育网站的产品属性，并且代表浪漫的淡粉色也不适用于教育网站。

> **提示：** 网页中的图片配色如果采用主色同色系的配色方案，可以与主色呼应，如果采用主色的补色配色方案，则可以突出图片。

- **配色方案解析**
  - ↙ 确认网页主色
  - ↙ 添加网页辅色

 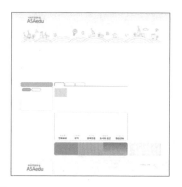

**1** 　降低主色的饱和度用作页面的背景色，并采用上下对称的布局方式。添加顶部标志和装饰。

**2** 　确定网站的基本结构，将页面分为三列布局，并加入绿色作为辅色。

↙　确认文本颜色

↙　完成网站配色

　③　　正文文本采用黑色，便于浏览阅读。对于局部突出的文本选中主色的补色红色。

④　　页面选择蓝色色调的图片。白色背景图清新雅致。蓝色背景图视觉面积大，主题突出。

- **精彩案例分析**

RGB（249，188，45）　RGB（120，70，35）

RGB（166，232，254）RGB（157，177，176）

网页使用低明度的黑色做网页的主色，大面积的黑色使得整个页面比较压抑，添加高明度的橙色和各色图片可以提高明度，使网页显得大气奢华。

网页选用深灰色为背景色，浅蓝色的网页主图提高网页明度。色调不一的图片丰富整个页面效果。同时橙色和灰色文本也起到了便于阅读的作用。

### 4.3.4　社交网站图片配色

　　社交网站的主要作用是为用户提供一个与人分享自己情感的平台。此类页面通常内容丰富，信息量大。页面中图片较多，杂乱无章的图片会影响整个页面的设计风格，因此除了要控制图片的尺寸大小外，好的色彩搭配也是非常重要的。

- 网站名称：mootrip
- 网站概述：社交网站中使用清新、简洁、大方的配色方案，带给浏览者愉悦、舒适的阅读环境，便于浏览者在众多信息中查找自己感兴趣的内容。

| 项目背景 | 项目类型 | 社交网站 |
|---|---|---|
| | 受众群体 | 青年人、中年人 |
| | 表现重点 | 人性化的服务、丰富多彩的功能 |
| 配色技巧 | 色相 | 绿色、黄色、黑色 |
| | 色彩辨识度 | 高 |
| | 色彩印象 | 精致、画面感清晰 |

主色

RGB（98，165，124） RGB（189，221，172）

辅色

RGB（254，207，67） RGB（49，42，50）

点缀色

RGB（227，172，46） RGB（183，211，197）

　　网页选择纯度低、明度低的浅绿色作为主色。采用同类色搭配，给人优雅舒适感。

　　灰色的主图，为整个页面增加正式和严肃感，同时与高明度的色彩搭配，展现动人风采。

　　页面中的图片色彩各异，丰富整个页面的同时，也使人产生亲切感。

- **案例分析**

| 主色 | 主色对比 | 辅色对比 | 图片色对比 |
|---|---|---|---|

　　页面采用三栏布局方式。整个页面采用绿色作为背景。顶部和底部对称，采用深色调图片，搭配明度高的纯色。整个页面整齐、严肃，又不失轻松活泼。

- **建议延伸的配色方案**

RGB（223，236，215） RGB（234，209，45）　　RGB（197，169，207） RGB（244，200，73）

　　浅绿色作为网页主色，搭配黄色的网页辅色和黑色的图片色，显得整个网页清新淡雅。将页面底部图片色调统一更改为蓝色，页面效果变得严肃、正式。

　　代表神秘的紫色作为网页的主色，搭配黄色的网页辅色和黑色的图片色，使得网页具有神秘感，吸引浏览者阅读。

- **不建议延伸的配色方案**

RGB（218，226，237） RGB（8，76，129）　　RGB（223，236，215） RGB（232，71，73）

　　浅紫色的网页主色搭配黄色的网页辅色，再加上黑色的图片色，使得整个网页显得格外清冷，会让浏览者对网页望而却步。

　　在大面积的绿色背景上，使用红色作为网页辅色，使用了补色搭配的配色方案，由于浅绿色和红色之间的明度差太大，红色被突出，主色被忽略。

　　**提示：** 随着网速越来越快，网页中越来越多地使用图片素材。图片的使用可以很好地增加页面的美感，但同时对页面色彩搭配有更高的要求。

- **配色方案解析**
  - ↙ 确认网页主色
  - ↙ 添加网页辅色

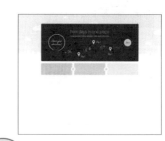

**1** 首先要确定网页的主色为绿色,确定网页整体色调为冷色调,为之后的网页配色奠定基础。

**2** 为网页添加黄色和黑色的图片色作为网页辅助色,丰富网页配色,平衡网页色彩明度。

  - ↙ 确认文本颜色
  - ↙ 完成网站配色

**3** 确定网页正文文本颜色为黑色,网页标志的文字使用网页主色突出强调。

**4** 为网页添加浅蓝色的图形,再添加色调为黄色、紫色和蓝色的图片,丰富页面色彩。

- **精彩案例分析**

RGB(126,171,230) RGB(154,166,92)

RGB(173,140,99) RGB(217,6,13)

网页主色为黑色,背景色为白色,页面效果过于单调。使用蓝色色调、绿色色调的图片和橙色的图形增加网页色彩明度,丰富网页效果。

网页采用白色作为背景色,米黄色作为网页的主色,同时使用橙色图形突出主题。蓝色色调和黄色色调的图片搭配和谐,主题清晰明确。

> 提示：欧美风格的网站，网页色调较简单质朴，同时网页的图片色明亮而清晰。而亚洲的设计风格则喜欢明亮的网站色调和模糊的网页图片。

### 4.3.5　旅游网站图片配色

旅游网站的配色方案一般比较丰富，同时也喜欢使用代表生机和生命的绿色、代表天空和大海的蓝色、代表热情和活力的橙色作为网站主色及图片色，使人进入网站就清楚明白地感受到网站的主题和内容。

- 网站名称：Dorina
- 网站概述：旅游网站的主页设计得非常新颖，结构简单明确，网页中的文本和图片相辅相成，整个页面内容饱满、充实。

| 项目背景 | 项目类型 | 旅游网站 |
|---|---|---|
| | 受众群体 | 青年人 |
| | 表现重点 | 旅游项目、风土人情 |
| 配色技巧 | 色相 | 棕色、绿色、蓝色 |
| | 色彩辨识度 | 高 |
| | 色彩印象 | 精致、画面感清晰 |

主色
RGB（191，82，26）　RGB（248，142，30）
辅色
RGB（127，149，22）　RGB（98，112，50）
点缀色
RGB（92，176，213）　RGB（55，55，55）

网页主色为太阳橙色，象征着幸福和亲近。页面中采用上下对称的布局方式。

网页辅色为绿色和灰色。大面积的灰色作为页面背景，烘托页面效果。绿色起到装饰的作用。

网页主色和图片色调一致，使整个网页和谐统一，图片不至于过于突兀。

- **案例分析**

主色

主色对比

辅色对比

图片色对比

网页中使用太阳橙渐变效果，增加页面的层次感。同时页面中的图片色调都是橙色，整个页面色调高度统一。绿色的图片起到很好的烘托作用。

- **建议延伸的配色方案**

RGB（186，26，45）　RGB（248，127，30）

使用代表热情、奔放的红色作为旅游网站的主色，搭配绿色的网页辅色，采用的是间色的配色方案，可以让浏览者感受到企业最大的热情。

使用代表土壤的黄色作为旅游网页的主色，搭配墨绿色的网页辅色，采用的是邻色的配色方案，可以让浏览者充分感受到地面的气息。

- **不建议延伸的配色方案**

RGB（94，30，181）RGB（236，128，62）

RGB（24，181，77）RGB（248，142，30）

将充满魅力的、代表神秘的紫色作为旅游网站的主色，搭配绿色的网页辅色，网页明度偏低，虽然有橙色的图片和按钮调节，但面积过小，效果有限。

将充满生机的、代表生命力的绿色作为网页的主色，搭配同色系的墨绿色为网页辅色，与黄色色调图片搭配不协调，视觉效果怪异。

- **配色方案解析**
  - ↙ 确认网页主色
  - ↙ 添加网页辅色

**1** 　　首先根据网站的类型，确定网站的主色为太阳橙色。网页整体色调为暖色调。

**2** 　　根据网页主色为网页添加辅色绿色和橙色，平衡网页明度的同时丰富网页配色。

- ↙ 确认文本颜色
- ↙ 完成网站配色

**3** 　　确定网页正文文本颜色为黑色，网页标题文本颜色为橙色，与主色呼应的同时，便于阅读。

**4** 　　为网页添加绿色调和橙色调的图片，再添加橙色的图形按钮，完成网页配色。

- **精彩案例分析**

RGB（242，122，45）RGB（28，8，1）　　RGB（172，229，249）RGB（248，155，46）

网站主色为棕色，辅色为橘黄色。大面积的低明度棕色搭配高明度的橘黄色调图片，提高网页整体明度。明度对比的搭配方案，使得整个页面对比强烈。

网页主色为蓝色，搭配深蓝色辅色，给人一种澄澈、清明的感觉。页面中的图片采用红色调、蓝色调和黄色调，在与主色搭配的同时，又突出主题。

## 4.4　网站整体布局配色

网站整体布局配色就是要把握主色、辅色、点缀色和图片色的搭配与占用比例。很明显，网站色彩分布是主色占主导地位，根据不同类型选择合适的辅色。所以一般情况下，布局配色就是协调主色与各种辅色的搭配以达到平衡状态。

### 4.4.1　美食网站布局配色

美食网站通常会采用具有口感的颜色作为主色，但这并不是唯一的搭配方案。采用中性色作为主色，点缀一些辅色，一样可以实现很好的页面效果。其中的重点在于控制颜色的饱和度、明度、位置和面积大小。

- 网站名称：名家美食
- 网站概述：网站采用上下框架型的布局方式，简单直接地表达网站的主旨和特点，使浏览者对网页内容一目了然。

| | | |
|---|---|---|
| **项目背景** | 项目类型 | 美食网站 |
| | 受众群体 | 青年人、中年人 |
| | 表现重点 | 美食文化 |
| **配色技巧** | 色相 | 黑色、灰色、红色 |
| | 色彩辨识度 | 高 |
| | 色彩印象 | 精致、口感、诱人 |

主色

RGB（98，98，98）　RGB（44，44，44）

辅色

RGB（227，83，83）RGB（157，128，94）

点缀色

RGB（202，195，76）　RGB（70，115，88）

网页主色为灰色。页面采用上下两层的布局方式，设置不同饱和度的灰色布局整个页面。

页面中采用红色和橘黄色为辅色，配合核心图增加页面口感，吸引浏览者浏览。

页面采用黑色、深灰色、灰色和浅灰色多层级搭配，增加层次感。

· **案例分析**

主色　　　　　　　主色对比　　　　　　　辅色对比　　　　　　布局色对比

网页整体色调为灰色系，左上角的红梅图片和右下方的红字产生呼应，同时顶部导航栏里的红字和底部的红字也产生呼应，平衡整个网页的色彩分布。

· **建议延伸的配色方案**

RGB（243，154，23）　RGB（98，98，98）

RGB（62，62，62）　RGB（249，136，93）

网页主色为橘黄色，降低饱和度后用作页面背景。页面中使用大面积的橘黄色色块装饰，增强了食物图片的口感，吸引浏览者浏览网页。

灰色的主色调使得网页看起来干净整洁。主题图中食物丰富的色彩与干净的背景色搭配，对比强烈，可以将网站的主题直接传达给浏览者。

> **提示**：将红与绿、黄与紫、蓝与橙等具有补色关系的色彩彼此并置，使色彩感觉更加鲜明，纯度增加，这种配色称为补色对比。

- **不建议延伸的配色方案**

RGB（98，98，98）RGB（203，70，70）

RGB（98，98，98）RGB（50，116，205）

网页使用了非常典型的中国元素风格的颜色，绘制了黑色的水墨画、粉红色的梅花和红色的装饰图案。页面对比颜色面积相等，争夺激烈，显得页面黯然无光。

在大片明度偏低的黑色和灰色下继续使用明度较低的颜色来点缀网页，是不合理的色彩搭配，会导致网页看起来冷漠且杂乱无章。

- **配色方案解析**
  - ↵ 确认网页主色
  - ↵ 添加网页辅色

**1** 首先确定网页主色为黑色，网页整体色调为灰色。这两种颜色的明度都不高，需要接下来的配色方案来平衡。

**2** 使用明度较高的红色来平衡灰色和黑色。同时网页色彩的轻重感从上到下依次递减。使用色块对页面结构进行划分。

↙ 确认文本颜色
↙ 完成网站配色

　网页主体内容的文本颜色为黑色，中间大标题文本颜色为黄色和渐变色，黄色的文字明度更高，渐变色文字的辨识度更高。

④　围绕网页主色为页面添加核心图和各种点缀色，完成网页配色。协调一致的配色让网页看起来结构合理，色调一致。

• **精彩案例分析**

RGB（255，67，102）RGB（132，175，155）

RGB（161，173，137）RGB（230，131，123）

　网页主色为灰绿色，辅色为洋红色和黄色。网页采用左右分栏的方式排列布局内容。页面图片采用同色和补色的搭配方案，页面协调一致且主题明确。

　页面采用灰色作为主色，辅色为浅绿色。淡雅的色彩搭配使得整个页面清新高雅。鲜艳的核心图与黑色文本起到很好的点题作用，吸引浏览者继续浏览。

> **提示：** 对比色的合理搭配，能拉开前景与背景的空间感，突出页面的主体，尤其是红色作为网站的主色时，能迅速传递视觉效果。

## 4.4.2　教育网站布局配色

　教育网站通常会采用绿色作为主色，绿色通常具有生长、希望的色彩意向。

但是，通过核心图和点缀色的帮助，使用其他颜色也可以搭配出满意的效果。

- 网站名称：asaWEB
- 网站概述：网站以儿童教育为主。页面采用灰色的背景搭配色彩缤纷的核心图的搭配方案。整个页面平静又充满生机。

| 项目背景 | 项目类型 | 教育网站 |
| --- | --- | --- |
| | 受众群体 | 青年人 |
| | 表现重点 | 儿童风采、教育成果 |
| 配色技巧 | 色相 | 棕色、绿色、蓝色 |
| | 色彩辨识度 | 高 |
| | 色彩印象 | 精致、画面感清晰 |

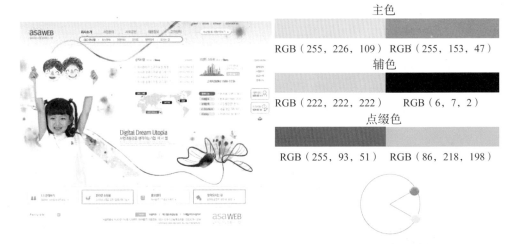

主色
RGB（255，226，109） RGB（255，153，47）

辅色
RGB（222，222，222） RGB（6，7，2）

点缀色
RGB（255，93，51） RGB（86，218，198）

　　页面使用浅灰色作为主色，并采用灰色到白色的线性渐变作为背景。整个页面层次分明。

　　页面使用黄色作为辅色，明亮的黄色向浏览者传递快乐的信息。

　　白色核心图的使用与灰色背景搭配自然，也彰显了黄色的热闹。

- **案例分析**

主色　　　　　　主色对比　　　　　　辅色对比　　　　　　布局色对比

　　不同层级的灰色使得页面层次丰富，同时使用明度高的黄色、橙色和红色作为辅助色，页面的重点集中在核心图位置，向用户传达欢乐的信息。

- **建议延伸的配色方案**

RGB（255，226，109）　RGB（247，11，22）

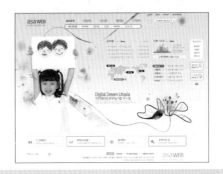

RGB（255，226，109）　RGB（243，221，183）

　　页面中增加了红色的核心图，更加突出主题内容。同时向右延伸的图片与核心图对称，平衡整个页面中色彩的重量。由此可见，暖色系都适合该页面。

　　页面使用杏黄色作为背景色，整个页面温暖感十足。背景色与核心图和辅色形成同色搭配，采用点缀的方法搭配，给人积极的色彩意向。

> **提示：** 冷暖两色的对比的应用，通常在休闲娱乐网站、食品网站出现比较多。将这两个色系的色彩安排在同一网页页面中，其对比效果极为强烈。

- **不建议延伸的配色方案**

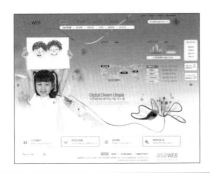

RGB（1255，226，109）RGB（180，119，238）

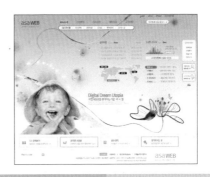

RGB（149，200，250）RGB（245，220，77）

　　使用明度较暗的紫色作为网页的背景色，搭配明度较高的黄色，页面效果对比强烈。但是文本内容不够清楚，不利于浏览阅读。

　　高明度的黄色搭配低明度的蓝色，页面效果和谐唯美。但与蓝色核心图搭配就显得过于冷静。同时蓝色和黄色互为补色，会使浏览者忽略主题。

> **提示：** 纯度调整的方式主要是利用明度黑、白、灰变化来调整网页的层次关系，适当地加入补色也是调整纯度的一个办法。

- **配色方案解析**
  - ↙ 确认网页主色
  - ↙ 添加网页辅色

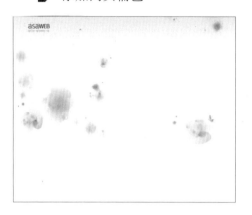
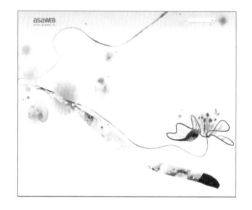

 确定页面的主色为灰色，并根据表达内容添加辅色图案。确定页面布局和结构。

② 添加网页辅色为黑色、红色、白色和蓝色，突出主色的同时加入辅色平衡色彩明度。

- ↙ 确认文本颜色
- ↙ 完成网站配色

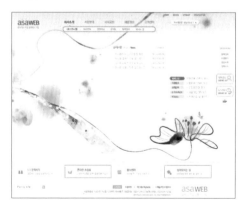
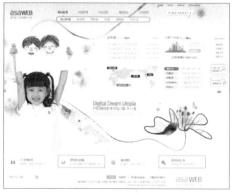

 设置页面文字为黑色，需要突出文本设置为反白，便于浏览者快速找到。

④ 为网页添加图片和图形，丰富网页内容，增加网页可读性，完成网页配色。

• **精彩案例分析**

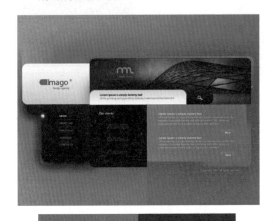

RGB（244，71，1）RGB（51，51，51）　　　RGB（183，177，163）　　RGB（146，12，9）

网页主色为橘黄色，辅色为黑色和灰色。页面通过色块划分成多个区域，整齐划一。白色的文字一目了然。整个页面对比强烈，吸引人浏览阅读。

网页布局是上下框架型布局，从上到下的色彩则是从重到轻逐渐递减。黑色作为辅色将页面分割。明度高的图片和图形点缀着页面，突出页面主题。

### 4.4.3　休闲网站布局配色

休闲网站通常向浏览者传达轻松、愉快的浏览体验。在布局上尽量使用较大的布局结构，整体给人简洁、大方的感觉。尽量使用饱和度低的颜色搭配，过于鲜艳的颜色会破坏整个页面的休闲感。

• 网站名称：茶艺之美
• 网站概述：网页使用左右框架型的布局方式来排列网页内容，网页采用饱和度较低的颜色作为主色，使用邻色搭配法，使网页整体布局和谐统一。

| 项目背景 | 项目类型 | 休闲网站 |
|---|---|---|
| | 受众群体 | 青年人 |
| | 表现重点 | 自由、清新 |
| 配色技巧 | 色相 | 棕色、绿色、蓝色 |
| | 色彩辨识度 | 高 |
| | 色彩印象 | 精致、画面感清晰 |

主色

RGB（244，244，244）　RGB（42，42，42）

辅色

RGB（170，196，170）RGB（229，213，144）

点缀色

RGB（137，51，1）　RGB（170，101，161）

网页主色为灰色。大面积的浅灰色给人平庸感，与绿色搭配组合，有一种高级感。

网页的辅色为灰绿色，给人一种浓浓的怀旧感。同时丰富的点缀色使整个页面丰富且温暖。

导航在页面的左侧，黑色的文字与灰色背景对比强烈，便于浏览者查找阅读。

- **精彩案例分析**

主色　　　　主色对比　　　　　　　辅色对比　　　　　　布局色对比

页面中使用灰色作为主色。整个页面略显沉闷，加入灰绿色的辅色，增加页面的怀念感。同时主色和辅色都降低了饱和度，页面和谐统一，主题明确。

- **建议延伸的配色方案**

RGB（74，126，60）RGB（184，184，184）

减少辅色的面积，搭配紫色、红色、深黄色和深绿色的辅色，使得网页给人以清新大方的感觉，同时左右结构的布局方式，使得色彩对比强烈，突出网页主色。

RGB（74，126，60）RGB（182，114，173）

更改网页主色为浅紫色，提高网页的明度和纯度。紫色具有神秘和高贵的色彩意向，提升网页主题品质。大面积紫色与小面积绿色搭配，对比强烈，主题突出。

提示：面积对比是指页面中各种色彩在面积上多与少、大与小的差别，从而影响到页面的主次关系。面积对比，可以是中高低明度差的面积变化及中高低纯度差的面积变化。

- **不建议延伸的配色方案**

RGB（246，222，125）RGB（71，122，58）

RGB（74，126，60）RGB（200，109，109）

网页辅色为浅黄色，提高网页的明度。网页左侧的点缀色亮度较低，与低明度主色搭配，使得黄色在整个网页中显得特别突兀。

深红色作为网页辅色，降低了网页的明度和纯度，使得整个网页让人感觉过于沉闷和无趣，不利于吸引浏览者的目光和注意。

提示：同一种色彩，面积越大，明度、纯度越强，面积越小，明度、纯度越低。面积大的时候，亮的颜色显得更轻，暗的颜色显得更重。

- **配色方案解析**
  - ↙ 确认网页主色
  - ↙ 添加网页辅色

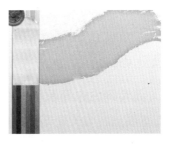

**1** 首先要确定网页的主色为灰色。选择灰绿色作为页面的辅色。特殊的布局增加页面的趣味性。

**2** 根据网页主色，为网页添加紫色、红色、深黄色和粉红色等各种辅色，以此来丰富网页配色。

↙ 确认文本颜色

↙ 完成网站配色

**3**　　　网页正文文本色为黑色，红色的导航色文本色表强调，具有交互性。

**4**　　　最后为网页添加图片和图形，丰富网页配色的同时增加网页的可读性，完成网页配色。

- **精彩案例分析**

RGB（69，69，69）　　RGB（171，44，22）

RGB（185，195，207）　RGB（164，165，2）

　　网页布局为上下框架型布局，网页顶部导航栏和中部的结构导航栏背景为黑色，交互颜色变为红色，凸显网页主色，同时增加网页的年代感，利于吸引浏览者。

　　网页布局是上下框架型布局，同一色调的色彩应用使得网页看起来比较简单朴素，又因为黄绿色的图片色加入到网页布局中，因此又为网页增添了活力。

### 4.4.4　儿童网站布局配色

　　儿童网站因为受众群体的限制，在色彩搭配上，需要注意受众群体的年龄范围和大众喜好，这样有利于受众群体接受网站的配色风格，并且吸引和留下更多的浏览者阅读浏览网页。

- 网站名称：websiename
- 网站概述：因为是儿童网站，所以网站的布局排版是简洁大方的，配色方案是明亮、轻快的颜色。

| 项目背景 | 项目类型 | 儿童网站 |
| --- | --- | --- |
| | 受众群体 | 青年人 |
| | 表现重点 | 童趣、儿童产品 |
| 配色技巧 | 色相 | 绿色、蓝色、紫色 |
| | 色彩辨识度 | 高 |
| | 色彩印象 | 精致、画面感清晰 |

主色

RGB（249, 194, 112）　RGB（240, 206, 159）

辅色

RGB（180, 204, 82）　RGB（144, 188, 43）

点缀色

RGB（232, 105, 124）　RGB（73, 97, 145）

网页主色为蜂蜜色，色彩明亮且轻快，给人亲近柔和的感受。搭配多个辅色，整个页面丰富多彩。

网页辅色为黄色、紫色、粉红色、青色和绿色等多种，将网页分割成多个区域。

文本颜色也根据辅色的改变而改变，页面功能明显，便于浏览查找。

- **案例分析**

主色　　　主色对比　　　辅色对比　　　布局色对比

网站为上下结构的布局方式，使用淡雅、清亮的颜色完成网页布局和配色，主色对比和辅色对比使用邻色配色方案。

- **建议延伸的配色方案**

RGB（176, 202, 67）　RGB（243, 193, 204）

粉红色的网页背景色搭配绿色的网页主色，使用了间色的配色方案，符合了儿童网站温馨的色彩意象，让浏览者在阅读网时感到轻松愉悦。

RGB（206, 95, 91）　RGB（233, 177, 2）

使用红色和黄色分别作为网页的主色和背景色，采用了邻色的配色方案，明亮的黄色搭配热情的红色，非常符合儿童网站的色彩意象。

147

- **不建议延伸的配色方案**

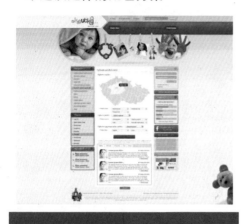 

RGB（87，66，188）　RGB（218，3，14）　　RGB（77，198，172）　RGB（160，70，145）

淡黄色的网页背景色搭配紫色的网页主色，采用的是补色的配色方案，但是同时紫色代表了神秘和魅力，儿童网站并不适用。

黄色的网页背景色搭配蓝绿色的网页主色，使用的是间色的配色方案，使得网页整体色调为冷色调，与儿童网站明亮干净的色彩意象不符。

- **配色方案解析**
  - ↙ 确认网页主色
  - ↙ 添加网页辅色

 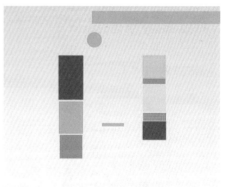

**①** 　确定网站的主色为蜂蜜色。采用从上向下逐渐变浅的线性渐变作为背景，增加页面的层次。

**②** 　为页面添加各色辅色，同时利用色块分割布局页面。注意使用补色的搭配方式。

　　↙　确认文本颜色
　　↙　完成网站配色

**3**　　　　网页文本颜色使用了黑色、紫色、蓝色和绿色，绿色的导航和绿色的文字进行了呼应。

**4**　　　　为网页添加色彩丰富的图形和图片，丰富网页内容表现形式，加深浏览者对网页印象。

- **精彩案例分析**

RGB（172，62，81）　RGB（95，134，131）

　　网页主色设置为棕色，给人安定的感觉。辅色为蓝绿色和洋红色。使用低明度主色和高明度的辅色搭配，可以平衡网页的色彩明度。

RGB（2，88，98）　RGB（107，139，1）

　　网页主色为绿色，辅色为蓝色。网页整体色调为冷色调，采用间色的配色方案。同为冷色的蓝色和绿色给人干净、整洁的视觉体验。

### 4.4.5　美食网站布局配色

　　美食网站通常会通过使用较大且清晰的核心图向用户传达网站主题。页面布局简单大气。图片较多，文字内容较少。通常使用暖色作为主色，如黄色、橙色和咖啡色。这些颜色通常都能传达食物的口感。

- 网站名称：malincua cafe
- 网站概述：网站为蛋糕食品推销网站。整个页面采用上下两栏的布局方式。大色块的颜色搭配，突出产品的特点，吸引浏览者浏览。

| 项目背景 | 项目类型 | 食品网站 |
| --- | --- | --- |
| | 受众群体 | 青年人 |
| | 表现重点 | 蛋糕美食 |
| 配色技巧 | 色相 | 浅茶色、粉红色、咖啡色 |
| | 色彩辨识度 | 高 |
| | 色彩印象 | 甜美 |

主色

RGB（238，204，171）RGB（242，224，220）

辅色

RGB（203，91，91）　　RGB（91，42，10）

点缀色

RGB（1，84，160）　　RGB（183，29，48）

页面使用淳朴的浅茶色作为主色，给人倍感亲切的感觉，能够展现大自然的氛围。

页面中使用粉红色和咖啡色作为辅色，增加页面口感的同时，也传达温馨、浪漫的色彩意向。

页面核心图采用巧克力蛋糕图案，与页面顶部和底部的咖啡色呼应。

- **案例分析**

| 主色 | 主色对比 | 辅色对比 | 布局色对比 |
| --- | --- | --- | --- |

   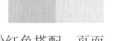

页面中浅茶色搭配咖啡色，制作出收获的效果。主色与粉红色搭配，页面甜美、温馨。主色与咖啡色搭配，页面对比强烈，口感十足。

- **建议延伸的配色方案**

RGB（204，82，85）RGB（205，204，04）

网页主色为灰色。中性色的背景可以很好地包容任何一种颜色。无论是鲜艳的洋红色还是深沉的咖啡色，整个页面和谐统一，主题突出。

RGB（140，43，58）RGB（238，172，171）

红色的网页主色搭配粉红色的网页辅色，使用了邻色的配色方案。网页整体风格温馨浪漫，非常符合蛋糕的产品定位。

• **不建议延伸的配色方案**

RGB（21，58，69）　RGB（171，205，238）

RGB（91，42，10）　RGB（238，222，171）

　　浪漫甜美的粉红色搭配清冷严肃的蓝色，采用了间色的配色方法，但是由于蛋糕的产品属性与蓝色不相符，配色方法不建议使用。

　　页面中主色和辅色都具有很高的饱和度。温暖的颜色给整个页面带来甜腻的视觉感受，会严重影响浏览者对页面产品的印象。

• **配色方案解析**

　　↙　确认网页主色
　　↙　添加网页辅色

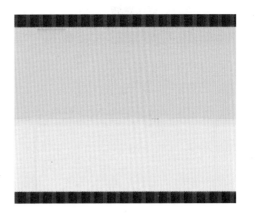

**1**　　　浅茶色作为网页的主色，将它与等面积的粉红色搭配，降低粉红色的饱和度，使页面效果协调一致。

**2**　　　在页面的顶部和底部添加咖啡色装饰条。通过使用不同饱和度的咖啡色，丰富页面。

- ↙ 确认文本颜色
- ↙ 完成网站配色

 根据网页主色确定网页正文文本颜色为棕色，橙色的标题文本颜色为突出强调。

④ 根据前面的颜色搭配，为网页添加咖啡色的图片和巧克力色的图形，丰富网页配色。

- **精彩案例分析**

RGB（103，200，191）RGB（240，240，230）

网页标志色为橙色，网页背景色为米白色，网页导航的背景颜色为网页主色，根据网页主色的位置分布，网页内容被不等地分成了6部分。

RGB（167，211，0）　RGB（77，65，51）

网页背景色为茶色，给人庄重感。页面采用上下色彩对称、中间色块呼应的方法。搭配鲜艳的黄绿色，整个页面严肃又不失情趣。

# 第 5 章　移动端网页配色

随着移动终端的日益普及，越来越多的网站都开发了移动端的版本。移动端的网页的设计，不能照搬 PC 端的页面。由于移动端的浏览界面通常很小，所以页面中的很多装饰素材都会被删除，只保留核心内容。在配色上也更大胆，更具有特色，让浏览者过目不忘。本章中将针对移动端界面设计的配色进行讲解。

## 5.1 移动端图标的色彩搭配

对于移动应用的图标来说，颜色的选择尤其重要，因为它们会同时出现在用户的手机或者其他设备屏幕上。商标图像本身是重要的，但颜色的选择也是一个需要深思熟虑的重大决策。

产品的目标用户是什么，产品的个性是什么，图标将会出现在用户设备上的什么地方，这些都是在选择图标颜色时需要考虑的问题。

### 5.1.1 天气 App 图标的色彩搭配

在手机 App 界面设计越来越简单的今天，极简化的设计风格已成为主流，天气 App 也不例外。代表天空云彩的蓝色和白色成为天气 App 配色的不二之选，蓝色的背景加上白色的文字，简单明了地表达了 App 的类型。

- 网站名称：天气网站
- 网站概述：该网页为天气类的 App 登录界面，使用了极具代表性的蓝色天空和白色云彩的图片来烘托页面主题。

| 项目背景 | 项目类型 | 天气 App |
| --- | --- | --- |
| | 受众群体 | 青年人、中年人、老年人 |
| | 表现重点 | 产品类型和功能 |
| 配色技巧 | 色相 | 蓝色、白色 |
| | 色彩辨识度 | 高 |
| | 色彩印象 | 大气、层次丰富 |

主色

RGB（40，136，213） RGB（14，167，234）

辅色

RGB（46，165，233） RGB（188，231，248）

点缀色

RGB（255，255，255） RGB（12，169，236）

页面采用具有爽快色彩意向的蔚蓝色作为主色，并通过降低饱和度实现多层级。

页面中只使用了白色作为辅色，着重突出产品按钮和登录按钮，主题内容一目了然。

界面中图标和界面文字都使用了白色，保证整个页面色调一致的前提下，便于查找阅读。

• 案例分析

主色 　　　主色对比 　　　辅色对比 　　　图标色对比

蓝色是最受欢迎的颜色，界面中选用蓝色作为主色。网页中使用了多种不同饱和度的蓝色，来分别强调内容的重要性。

• 建议延伸的配色方案

RGB（199，225，248）RGB（35，112，251）

RGB（14，167，236）RGB（35，112，251）

整个网页色调为宝蓝色，页面背景色调变暗，与白色辅色对比更加强烈。同时标志、图标、按钮和文字更加清晰，与背景搭配，界面层次感更强烈。

使用白色将页面分为上下两部分。大面积的白色将页面核心内容展示出来，将页面的主要功能第一时间呈现，同时上下的白色图标和按钮对称。

• 不建议延伸的配色方案

RGB（59，156，224）RGB（11，117，38）

RGB（47，145，218）RGB（209，221，20）

页面中的绿色和蓝色为邻色搭配，大面积的绿色和大面积的蓝色产生了争夺视觉重点的视觉特性，给人一种不舒适的视觉体验。

为蓝色的背景搭配黄色，使用的是补色搭配法。由于页面黄色与蓝色的明度都太高，整个页面对比强烈。黄色与白色对比,给人感觉刺目。

- **配色方案解析**
  - ↙ 确认网页主色
  - ↙ 添加网页辅色

**1** 　　根据 App 的产品功能来确定页面的主色为蔚蓝色。适当地添加几个邻色增加背景的层次。

**2** 　　选择白云的背景图与蓝色背景搭配。白色是中性色，与蓝色很好地融合在一起，图片由上向下逐渐减少白色。

- ↙ 确认文本颜色
- ↙ 完成网站配色

**3** 　　确认网站的标题文本为白色，起强调突出作用，网页正文文本同样使用白色显示，保持网页色调一致。

**4** 　　为网页添加蓝色标志和白色的图标按钮，既丰富了网页的色彩搭配，同时又显得页面比较饱满。

・　**精彩案例分析**

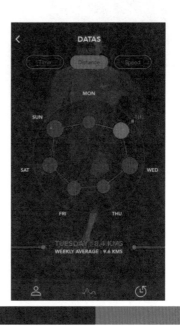

RGB（248，206，181）　RGB（112，93，97）

　　RGB（46，48，57）　　RGB（252，95，68）

　　网页主色为淡粉色，整个网页色调为暖色调，顶部的信息栏使用灰色显示，让人看得清楚同时也不抢主色。白色的文字和图标可突出强调内容。

　　半透明的黑色作为网页的主色，橙色作为网页辅色，清晰且主题明确。白色的文字和图标，很方便用户在页面中查找想要的内容。

### 5.1.2　医疗 App 图标的色彩搭配

　　医疗 App 的界面及图标，设计都比较简单化，这是因为用户和浏览者使用或打开 App 的目的非常简单，所以简单的界面和图标可以方便用户快速简洁地操作 App，并帮助他们达到想要的目的。

・　网站名称：Bump Cycle

・　网站概述：医疗类的 App 主旨在于记载用户的健康指数和各项指标，帮助用户通过科学的管理提高其生活品质。

| 项目背景 | 项目类型 | 医疗网站 |
|---|---|---|
| | 受众群体 | 中年人 |
| | 表现重点 | 展现用户的运动里程 |
| 配色技巧 | 色相 | 珊瑚色、黄色、绿色 |
| | 色彩辨识度 | 高 |
| | 色彩印象 | 健康、洁净 |

主色

RGB（219，137，137） RGB（121，106，106）

辅色

RGB（95，217，176） RGB（242，176，47）

点缀色

RGB（255，255，255）RGB（153，132，197）

　　页面采用温柔的珊瑚色作为主色，凸显出产品健康且美好的色彩意向。珊瑚色作为背景给人洁净、平和的印象。

　　页面中采用青色和黄色作为辅色，在色相上与主色对比强烈，降低对比面积并协调主色和辅色的关系，使页面清晰、和谐。

　　页面中的图标都采用白色图标，与页面洁净、健康的主题一致。同时白色和黑色的文字更便于用户阅读。

- **案例分析**

主色　　　　　　　　主色对比　　　　　　　辅色对比　　　　　　图标色对比

　　医疗 App 的页面选用了珊瑚色作为主色，并搭配青色和黄色使用。使用黑白图作为页面核心图，整个页面感觉色彩丰富，主题突出。

- **建议延伸的配色方案**

RGB（109，221，188）RGB（224，207，46）

RGB（0，71，155） RGB（246，189，61）

页面底部按钮为黑色，增加了页面的严肃感，同时又与顶部核心图相呼应。黑色文字既便于阅读，又与整个页面色调一致。

使用低明度、高纯度的蓝色作为页面主色，页面变得清透干净，与蓝色和青色搭配，整个页面简洁、清爽。白色的按钮与蓝色背景对比强烈，主题明确。

> **提示：** 图标是 UI 设计中的重要元素，也是视觉传达的主要手段之一。图标应当是简约的，作为视觉元素它应当能让用户立即、快速地分辨出来。简单的 App 图标既帮助了用户节约时间又使得 App 界面整洁干净。

- **不建议延伸的配色方案**

RGB（142，141，142）RGB（195，144，142）

网页背景色为渐变色，网页文本颜色使用与背景色同色系的灰色，是同色系的配色方案，但是降低了网页文本的可读性和图标的清晰度。

RGB（0，73，144）　　RGB（246，189，60）

使用有远近距离感的图片作为网页背景，这使得网页文本和图标的辨识度下降，同时增加了网页的距离感，使得网页配色不协调。

> **提示：** App 界面设计中，精简分割线会给你一个干净、现代且功能突出的界面。想要分割、区分不同的元素，方法有很多，如使用色块、控制间距、添加色彩和内容。这些方法可以让不同的区块、内容都清晰地分隔在屏幕上不同的地方。

- **配色方案解析**
  - ↙ 确认网页主色
  - ↙ 添加网页辅色

**1** 　　根据网页的产品功能定位，确定网页的主色为珊瑚色，并适当降低或提高局部色彩饱和度。

**2** 　　为页面添加高明度的黄色和低明度的青色作为辅色，平衡网页效果。

  - ↙ 确认文本颜色
  - ↙ 完成网站配色

**3** 　　为页面加入白色和黑色文本，突出页面主题内容，便于用户浏览阅读。

**4** 　　继续加入白色的标志和图标，采用补色搭配法，为图标设置交互样式。

• **精彩案例分析**

RGB（142，171，175）　RGB（252，144，56）　　RGB（234，51，47）RGB（255，233，0）

网页背景为图片色，图片传
达给浏览者一种回家或者归途的
信息，网页标志和按钮图标使用
了暖色系的橙色，更为网页增添
一种温暖的感觉。

游戏网页使用了多种高明度
和高纯度的颜色，使得整个网页
看上去非常亮眼，其中黄色的按
钮图标最为显眼，搭配红色的文
本颜色，形成强烈对比。

> **提示：** 单色搭配就是单一色系的搭配，通过颜色的深浅、明暗或饱和程度上的调
> 整来形成明暗的层次关系。单色搭配在 App 的 UI 设计中一直都是一个不错的选择，特
> 别是蓝色系和绿色系。

> **提示：** 邻色搭配是指选用一款颜色作为主色调，色相环中临近的颜色作为辅色。
> 因为在色相环中相互靠得很近，所以搭配起来不会有很突兀的感觉。主色和辅色在色相
> 环中的距离如果过远，那么整个页面就会显得用力过猛，当然若挑选好的话则另当别论。

### 5.1.3　购物 App 图标的色彩搭配

购物 App 界面的配色是丰富多彩的，各色的图片色和简洁的图标组成了购
物 App 的界面，购物 App 页面的主色可以根据产品而定，如童装界面就可以选
择明亮欢快的颜色作为主色，家电界面就选择中性色来作为网页主色。

🔖　**网站名称：** 时尚教主

🔖　**网站概述：** 网站为购物 App，而且网站主营化妆品类商品，这就表明女
性用户居多，根据网站的现有用户和潜在用户确定网站的主色及色调，这样利
于留住网站的现有用户，同时也可以吸引网站的潜在用户的目光。

| 项目背景 | 项目类型 | 购物网站 |
|---|---|---|
|  | 受众群体 | 青年人、女性 |
|  | 表现重点 | 化妆品品牌及促销 |
| 配色技巧 | 色相 | 紫色、红色、橘黄色 |
|  | 色彩辨识度 | 高 |
|  | 色彩印象 | 女性魅力 |

主色

RGB（240，130，165）　　　RGB（255，113，67）

辅色

RGB（10，10，8）　　　RGB（212，16，40）

点缀色

RGB（255，142，162）　　　RGB（254，127，194）

　　页面中使用白色作为背景色，使用牡丹粉作为主色，可以将女性的魅力发挥得淋漓尽致。

　　页面中的辅色采用黑色和红色，并通过降低饱和度的方式，使整个页面彰显着雍容华贵的气质。

　　图标的颜色采用了牡丹粉的邻色和补色搭配。色调统一的同时，还可以突出主题内容。

- **案例分析**

主色　　　　　　　主色对比　　　　　　　辅色对比　　　　　　　图标色对比

  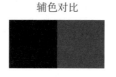 

　　网站为化妆品购物网站，所以选用大多数女性喜爱的牡丹粉作为网站主色，在白色的背景上效果突出。重要的栏目图标采用牡丹粉和蓝色搭配，补色搭配对比强烈。底部的按钮则采用黑白色搭配，简洁大方。

> **提示：** 在色相环上直线相对的两种颜色称为互补色。互补色因为互相处于对方的对立面，所以搭配起来会形成强烈的对比效果，进而吸引用户的注意力，例如，当我们的眼睛看到一大块绿色区域时，一小块红色就会显得特别突出。

- **建议延伸的配色方案**

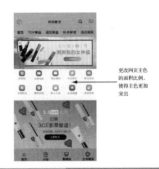

更改网页主色
的面积比例，
使得主色更加
突出

RGB（254，165，182） RGB（255，135，69）

页面的主色为牡丹粉，小
图标和文本颜色与主色相同。
这个页面透露着浓浓的浪漫、
温馨的气息。整个页面色调高
度一致，补色图标更加清晰。

RGB（251，173，187） RGB（254，130，70）

从牡丹粉到橘黄色的渐变
背景色使得整个页面女性特征
更浓。为突出网页中间的小图
标，背景色使用白色，使得整
个页面重点明显，内容饱满。

> **提示**：通常，页面的元素都不是单独出现的。例如，你不可能看到一个页面中只
> 有一个按钮，没有任何文字和图标。页面中的任何一个元素都是整个系统的一个部分，
> 不同的元素共同构成了一个页面。页面中的元素有优先级之分，有的元素更加重要，我
> 们希望用户看到或者诱导用户进行操作。

- **不建议延伸的配色方案**

RGB（235，48，23）　　RGB（9，149，124）

高明度的粉色为网页主色，搭配
低明度的黑色为网页文本颜色，平衡
了网页的明度。但是从红色到绿色的
渐变背景色，显然不适合充满时尚气
息的化妆品的产品定位。

RGB（225，101，251） RGB（238，183，249）

网页主色为粉色，使用与主色
同一色系的低明度的紫红色作为网
页背景色，导致网页整体没有重点，
网页背景色和主色不和谐。

- **配色方案解析**
  - 确认网页主色
  - 添加网页辅色

**1** 首先根据网页的产品定位确定网页主色为牡丹粉。使用橘黄色作为广告位置的背景色。

**2** 在广告位置添加产品图及广告文字。在橘黄色背景中使用粉红色产品图，上下呼应。

- 确认文本颜色
- 完成网站配色

**3** 网页正文文本使用灰色来表现，可以让浏览者清楚地看到文本内容，又不会抢主色的效果。

**4** 为网页添加与主色同一色系的图标按钮，使得整个网页主题突出，节奏轻快，内容丰富。

• **精彩案例分析**

RGB（106，30，242）  RGB（35，37，39）

RGB（220，183，174）RGB（111，214，125）

　　网页主色为高纯度低明度的
黑色，搭配紫色和白色的图标，
紫色的图标在大面积的黑色背景
下表现抢眼，底部的白色图标安
静自然。

　　网页主色为灰蓝色，用明亮
的绿色图标来平衡网页的明度。
界面被白色分为对称的两部分，
白色的图标和文本与深色的背景
对比强烈。

### 5.1.4　运动 App 图标的色彩搭配

　　运动 App 在选用主色时，如果选用深色系的颜色，则是希望带给用户一些
压力，从而促进用户的运动。如果选用明快的颜色作为主色，则是希望用户在
放松的心情下进行运动。补色搭配是这类产品常用的配色方案。

　　• 网站名称：RUNNING

　　• 网站概述：该界面是跑步健身类的网站。采用高端大气的黑色搭配神秘
的紫红色的设计方案。整个页面对比强烈，吸引年轻人的目光。

| 项目背景 | 项目类型 | 运动网站 |
|---|---|---|
| | 受众群体 | 青年人 |
| | 表现重点 | 各种运动数据的显示 |
| 配色技巧 | 色相 | 深蓝色、紫色、白色 |
| | 色彩辨识度 | 高 |
| | 色彩印象 | 冷静、理智、健康 |

主色

RGB（32，30，52）　RGB（127，125，174）

辅色

RGB（240，130，165）　RGB（255，113，67）

点缀色

RGB（123，60，227）　RGB（214，75，204）

　　页面中使用具有冷静、理智特征的深蓝色作为背景，并通过降低饱和度的方法丰富整个界面的层次。

　　红紫色的网页图标和按钮为网页增加华丽感和神秘感，可以吸引或留住大部分的潜在用户。

　　页面中需要强调的内容，都采用了白色，与背景对比强烈。其他内容则主动降低明度，突显主题。

- 案例分析

主色　　　　　　主色对比　　　　　　辅色对比　　　　　　图标色对比

　　网页主色深蓝色有较高的纯度，给人一种身临其境的感觉。与明亮的红紫色搭配，更彰显其幽深的色彩特征，同时对比强烈，主题突出。

- 建议延伸的配色方案

RGB（147，66，215）　RGB（210，79，200）

网页主色为深蓝色，同时使用大面积的白色背景提高网页明度。搭配同色系的红紫色图标和按钮，可以丰富页面配色，网页内容更加饱满。

RGB（216，76，71）　RGB（213，151，94）

使用大面积的白色将整个页面分割，上下对称。将图标和按钮颜色更改为橘黄色到黄色的渐变，与深蓝色对比强烈，主题突出。

提示：设计师更倾向于采用低对比度的配色方案。因为高对比度的配色可能过于显眼而破坏整个页面的风格。低对比度意味着低风险，低对比度配色会使页面更加好看与和谐，但是好看与和谐并不意味着高可读性。

- **不建议延伸的配色方案**

RGB（117，214，66）　RGB（147，182，105）

黑色的背景给人感觉过于硬朗，同时草绿色的文字非常不清晰，不利于阅读。绿色按钮和白色文字搭配非常不和谐，刺目且不易阅读。

RGB（153，63，220）　RGB（214，76，202）

紫色的色彩意向带有压迫感，整个页面给浏览者带来不适的感觉。同时，采用了同色搭配的按钮和图标在背景中不易被发现。

提示：创建一套新的配色方案并没有想象中那么难。最简单的方法就是挑选一款明亮欢快的颜色（如企业色）作为主色，然后挑选几款中性色作为辅色。这样一套配色方案就完成了，而且效果也相当不错。

- **配色方案解析**
  - ↙ 确认网页主色
  - ↙ 添加网页辅色

**1** 首先根据 App 的产品定位，确定使用比较严肃清冷的深蓝色作为网站主色，主色调为冷色调。

**2** 降低主色的饱和度，并搭配同色系的图片素材，增加整个页面的视觉层次感。

- ↙ 确认文本颜色
- ↙ 完成网站配色

**3** 网页主色为墨蓝色，选择同一色系的浅紫色作为网页文本颜色，同时白色的文本表达重点内容。

**4** 为网页添加紫色到红紫色的渐变图标按钮。邻色搭配方案使得页面对比强烈，主题突出。

- **精彩案例分析**

RGB（68，62，128）　RGB（142，135，234）

RGB（62，198，255）　RGB（255，104，104）

网页主色为蓝紫色，加上白色的背景色，搭配了降低饱和度的图标，网页主题更加突出，同时页面中的紫色图标与主色呼应，主题明确。

网页主色和网页背景色为白色，网页中的图标选择低明度的蓝色和高明度的红色，丰富网页配色，同时对比强烈，主题突出。

## 5.2　移动端登录界面色彩搭配

在 App 的登录界面中，尽量不要使用过多的颜色，这是因为登录界面通常内容不多。过多的颜色会造成用户的视觉混乱，使其抓不住重点，影响用户体验。简洁、大方，又符合产品特性的配色才是最正确的搭配方法。

### 5.2.1　美食 App 登录界面色彩搭配

美食 App 的登录界面一般选用橙色作为网页的主色调。这种具有口感的颜色可以增进用户的饥饿感。搭配白色的文字和图标，干净整洁的界面直奔主题，可以快速抓住用户的目光，为网页吸引更多的浏览者。

- 网站名称：Sign in
- 网站概述：页面是一款美食 App 的登录界面。用户可以通过输入个人资料登录进入 App 界面中。并且可以通过分享的方式，将页面内容分析到其他的社交平台上。

| | 项目类型 | 美食网站 |
|---|---|---|
| 项目背景 | 受众群体 | 青年人、中年人 |
| | 表现重点 | 网页的类别和功能 |
| | 色相 | 橙色、白色、黑色 |
| 配色技巧 | 色彩辨识度 | 高 |
| | 色彩印象 | 简洁、香甜可口 |

主色

RGB（255，95，41）　RGB（253，93，45）

辅色

RGB（0，0，0）　　RGB（253，253，253）

点缀色

RGB（63，94，159）　RGB（0，181，228）

　　鲜明的橙色让人感觉明快、活泼，令人振奋，而且橙色具有其特有的口感，会让人联想到橙子、橘子等水果。

　　大面积的橙色会让人感觉烦躁。加入白色后，页面的"温度"降低。整个页面结构明确，主题突出。

　　页面中的图标使用了橙色的补色——蓝色和青色。由于面积上的悬殊，页面对比强烈，效果突出。

- 案例分析

主色　　　　　主色对比　　　　　　　辅色对比　　　　　　界面色对比

　　美食 App 登录界面选用橙色作为主色，可以带给浏览者甜美、可口的色彩意向，调动浏览者的食欲，促进消费。黑色的文本以及大气沉稳的辅色显得网页更加精致、易读。

- 建议延伸的配色方案

RGB（254, 47, 50） RGB（1, 183, 230）

网页主色设置为红色，页面感觉热情如火。搭配补色蓝色和青色，主题明确，便于查找。文本颜色为黑色和白色，主题清晰，层次分明。

RGB（254, 149, 46） RGB（4, 182, 230）

使用黄色作为网页的主色，同时使用对比色的配色方案，为网页添加蓝色作为辅色，网页上面的社交账号与底部的登录按钮颜色相呼应。

提示：应该考虑更宽泛的配色方案，若只用少量的元素，扩展配色方案会让你感觉很好。设置配色方案时，测试所选色调要在很宽的色谱内进行，才可保证用明暗对比来表现画面。如果你想试同系配色和鲜明对比，要及早测试配色，以确保微妙变化和高对比度元素都能有足够的选择空间。

- **不建议延伸的配色方案**

RGB（53, 255, 46） RGB（64, 95, 163）

网页主色绿色搭配辅色蓝色，使用了邻色的配色方案，但是美食网站还是需要有暖色系的颜色来调和。冷色调的配色方案会影响用户的食欲。

RGB（65, 45, 252） RGB（0, 181, 228）

网页主色为蓝色，网页图标色为墨蓝色，整个网页为蓝色调。使用了同色系的配色方法，整个页面主题不明确，内容不突出，不利于用户阅读。

提示：扁平化设计一般都有特定的设计法则，如利用纯色、采用复古风格或是同类色。提到扁平化设计的色彩，纯色一定首当其冲地出现在用户脑海里，因为它带来了一种独特的感受。纯粹的亮色往往能够与明亮的或者灰暗的背景形成对比，以达到一种极富冲击力的视觉效果。

- **配色方案解析**
  - ↙ 确认网页主色
  - ↙ 添加网页辅色

**1** 根据网页的产品定位，首先确定网页的主色为橙色，网页色调为暖色调。

**2** 根据网页的主色及主色调，为网页添加无彩色的白色和黑色作为辅色。

  - ↙ 确认文本颜色
  - ↙ 完成网站配色

**3** 根据网页主色为橙色，确定网页标题文本颜色为白色，正文文本颜色为大气的黑色。

**4** 为网页添加蓝色和青色的图形按钮作为网页的点缀，对比搭配，主题明确、清晰。

• **精彩案例分析**

RGB（151，38，24）　RGB（237，73，48）　　　RGB（143，97，187）　RGB（137，84，154）

　　网页中主色为橙色，可以表现产品的属性。降低橙色的明度，页面层次丰富。白色的图标和文字，以及细线增加了页面的精致感。

　　紫色作为主色，并使用蓝紫到红紫的线性渐变作为背景。页面层次丰富，视觉效果逐级递增。圆角矩形的文本框也为页面增加了轻松感。

### 5.2.2　社交 App 登录界面色彩搭配

　　社交网站通常在配色上比较丰富，以突出应用程序的轻松和休闲。作为网站的登录界面，在配色上既要考虑主色，也要考虑页面的功能。登录界面最核心的内容是登录框和注册选项。通过选择合适的搭配方案，凸显这些内容才是登录界面色彩搭配的要点。

　　• 网站名称：D 社区
　　• 网站概述：该社交 App 的登录界面主要功能是为了便于用户输入个人信息登录页面。同时用户也可以通过"忘记密码"功能将密码找回。

| | 项目类型 | 社交网站 |
|---|---|---|
| 项目背景 | 受众群体 | 青年人 |
| | 表现重点 | 登录文本框、找回密码 |
| | 色相 | 蓝色、紫色、红色 |
| 配色技巧 | 色彩辨识度 | 高 |
| | 色彩印象 | 对比强烈、主题明确 |

主色

RGB（114，115，205）RGB（101，182，211）

辅色

RGB（171，170，175）RGB（251，88，133）

点缀色

RGB（208，183，212）RGB（134，201，227）

网页的主色有紫藤色和蔚蓝色两种。采用渐变的方式搭配在一起，页面效果透露着智慧和爽快。

登录框和登录按钮被放置在大片的白色中。注册信息则被放置在底部的灰色背景上，内容清晰。

洋红色的"登录"按钮和黑色的文字，能够清晰地表达要传达的内容，同时也能够丰富页面效果。

- **案例分析**

主色　　　　　　　主色对比　　　　　　　辅色对比　　　　　　界面色对比

丰富的色彩背景，将社交的主题完全表达出来。同时对比强烈的蓝色和洋红色通过白色和灰色的调节，变得和谐、统一。

- **建议延伸的配色方案**

RGB（86，107，162）　RGB（215，0，31）

利用一张背景图来表达社交的目的。同时白色的背景色和热情的红色按钮对比强烈。红色的图标与按钮也遥相呼应。灰色的文字也很好地融入其中。

RGB（253，150，55）　RGB（89，89，89）

页面中使用了大面积的黄色，页面效果欢乐、生动，同时与下方的黄色按钮呼应。灰色的文字和图标既能清晰表达主题，又不与主色争夺目光。

・ **不建议延伸的配色方案**

RGB（84，162，201） RGB（162，203，3）

　　网页使用从紫色到蓝色的渐变色作为背景色及主色，登录按钮为绿色，网页标志为半透明的白色，整个网页显得平淡无奇，没有主题，不建议使用。

RGB（238，231，210） RGB（251，88，133）

　　网页背景色使用黄色和粉色的渐变图片，再为网页添加粉色的登录按钮，采用了同色系的配色方案，简单的登录界面设计搭配单调的配色方案，使得网页过于平淡。

・ **配色方案解析**

　　↙ 确认网页主色
　　↙ 添加网页辅色

**1**　　　首先根据 App 的产品定位确定网页主色为紫藤色到蔚蓝色的渐变，丰富页面层次。

**2**　　　为网页添加浅灰色的图形辅色，调和背景色的同时，也可在页面中独立出一片区域。

175

　　↙　确认文本颜色
　　↙　完成网站配色

**3** 　　创建白色文本框，并插入标志元素，输入灰色文本。页面被划分成 3 部分。

**4** 　　继续完善页面，加入与标志色相同的按钮，上下对称，页面效果和谐、统一。

> **提示：** 当遇到颜色比较多时，可以通过中性色来调和，降低颜色之间的对比。中性色通常包括白色、黑色、灰色、金色和银色。

· **精彩案例分析**

RGB（120，61，31）　RGB（0，0，0）

将黄色系的图片作为网页主色，又使用模糊滤镜使背景具有模糊感和层次感，登录按钮使用半透明的白色来表现，显得网页更加恬静。

RGB（109，133，97）　RGB（162，203，1）

网页主色为绿色。网页背景是图片到白色的渐变，图片具有朦胧的美感和意境。绿色系的图片和按钮使用了同色系的配色方案，使网页色调一致。

### 5.2.3　绘图 App 登录界面色彩搭配

绘图 App 的用户通常都具有一定的美术修养，所以 App 在颜色的使用上可以大胆一些，但是尽量也不要超过 3 种颜色。为了突出绘图的乐趣，可以使用明度和饱和度较高的颜色，如红色、黄色和橙色等。

- 网站名称：DRAW
- 网站概述：登录界面简洁大方，只有产品的标志和登录文本框两部分内容。用户可以通过访问该页面登录软件，开启绘画之路。

| 项目背景 | 项目类型 | 绘图网站 |
| --- | --- | --- |
|  | 受众群体 | 青年人 |
|  | 表现重点 | 色彩丰富、绘制功能 |
| 配色技巧 | 色相 | 铬黄色、粉色、白色 |
|  | 色彩辨识度 | 高 |
|  | 色彩印象 | 色彩丰富、形式多样 |

主色

RGB（254，167，53）RGB（254，127，128）

辅色

RGB（254，229，227）RGB（255，255，255）

点缀色

RGB（252，147，68）RGB（255，195，193）

页面中使用铬黄色作为主色。铬黄色是欢快、热闹的颜色。搭配淡粉色，可以突出页面生动的个性。

背景的编织花纹，能够很好地诠释绘图的概念。同时不同的色相与饱和度可以增加页面的层次。

标志没有直接使用白色，而是使用了饱和度极低的粉色，保证了页面风格统一，同时白色文本清晰、易读。

- 案例分析

| 主色 | 主色对比 | 辅色对比 | 界面色对比 |
| --- | --- | --- | --- |

　　网页主色为铬黄色，网页辅色为淡粉色和白色，采用了间色的配色方案，使得网页背景精致美观。白色是中性色搭配，它可以和任何颜色很好地兼容。

- 建议延伸的配色方案

RGB（188，52，254）　　RGB（136，120，254）

RGB（254，156，54）　　　RGB（0，0，0）

　　网页主色使用从紫色到蓝色的渐变色，代表浪漫神秘的紫色和代表忧郁的蓝色可以给用户更多的遐想空间，非常符合产品定位。

　　更改网页底部的背景色为中性色黑色，使得网页从上到下有一种距离感。即使是明亮的网页背景，黑色也压得住，容易让浏览者记住网页。

> 提示：由于移动端设备的屏幕的限制，选择颜色时要尽量选择明度和纯度较高的颜色，同时也要注意使用中性色降低高明度、高纯度颜色对浏览者视觉的冲击。

- **不建议延伸的配色方案**

RGB（50，254，185）　RGB（123，254，137）

RGB（52，146，254）　RGB（128，254，251）

　　网页主色使用了从绿色到青色的渐变色，使得整个网页让人有一种健康、充满生机的感觉，但这不符合产品定位，不建议使用。

　　网页主色为蓝色，使用了同色系的配色方案，绘图 App 的色彩印象与蓝色和青色的色彩印象不符，不建议使用该配色方案。

- **配色方案解析**
  - ↙ 确认网页主色
  - ↙ 添加网页辅色

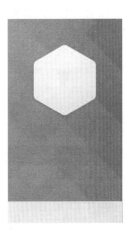

**1**　　使用铬黄色和淡粉色创建 App 的背景色，并通过调整颜色的明暗获得背景图案。

**2**　　在页面中添加淡粉色的标志背景，并在页面底部绘制同色的矩形，上下对称。

179

↙ 确认文本颜色
↙ 完成网站配色

 网页标志文本颜色，根据网页主色，采用主色同色系的铬黄色来表示，正文文本颜色使用白色。

 最后为网页添加白色的小图标，整个页面色调高度统一，主题明确突出。

**精彩案例分析**

RGB（218，128，101） RGB（158，74，72）

页面使用朱红色作为主色，有生机的色彩意向。丰富的背景图增加界面的层次，同时白色的按钮和文字能够将登录界面的主要元素传达给用户。

RGB（13，176，155） RGB（255，255，255）

页面主色选择了代表品格的孔雀绿，与白色搭配，表现出宁静、自然的感受。白色的文字使页面主题突出，内容丰富，同时页面整体布局合理。

### 5.2.4　邮箱 App 登录界面色彩搭配

邮箱 App 的登录界面一般选用纯色作为主色调，如蓝色、绿色。这两种颜色都可以向用户传递宽阔、科技和连接的色彩意向。同时登录界面不宜设计得太复杂，简单大方的设计风格比较适合登录界面。

- 网站名称：Origmail
- 网站概述：网页为邮箱网站的登录页面，页面整体设计简洁大方，方便了用户在小屏幕上快速准确地查找信息。

| 项目背景 | 项目类型 | 邮箱网站 |
| --- | --- | --- |
| | 受众群体 | 青年人、中年人、老年人 |
| | 表现重点 | 展示邮箱的包容性 |
| 配色技巧 | 色相 | 蓝色、白色 |
| | 色彩辨识度 | 高 |
| | 色彩印象 | 大气、宽阔、科技感 |

主色

RGB（5，59，145）　RGB（213，213，213）

辅色

RGB（23，124，205）　RGB（230，243，251）

点缀色

RGB（107，200，236）RGB（66，158，186）

网页为邮箱网站的登录页面，采用了天蓝色的背景图片，表现了产品自身的包容性和宽广性。

白色的登录框内，登录和注册按钮具有交互效果，方便浏览者更快速准确地执行登录或注册等命令。

网页文字内容使用了中性色白色，通常手机文本颜色也是白色，因为白色的文字可以在小屏幕上表现得更清楚。

- 案例分析

主色　　　　　　　主色对比　　　　　　辅色对比　　　　　　界面色对比

页面使用天蓝色作为主色，并使用一张蓝天的图片作为背景图。同色系的

搭配方案,使得整个页面显得简洁明亮,同时白色的文字在蓝色背景上清晰可见。

- **建议延伸的配色方案**

RGB（18，80，164） RGB（110，104，79）

网页背景色为图片色,主色为蓝色,选用蓝天沙滩的图片使得网页有景深感和层次感,同时也可以很好地突出和强调白色的登录框。

RGB（83，150，193） RGB（125，102，84）

网页主色为蓝色,使用了模糊效果,方便突出前面的褐色登录图形,网页标题文本使用白色表示,显得精致。登录按钮同主色相一致,形成呼应。

- **不建议延伸的配色方案**

RGB（69，144，223） RGB（216，176，150）

网页主色为蓝色,网页背景使用了蓝色的蓝天沙滩图片,由于图片底部的沙滩颗粒形状较大,会给浏览者带来一种很突兀的感觉,所以不建议使用。

RGB（11，80，167） RGB（86，247，185）

网页主色为蓝色,网页背景为图片色,采用了邻色的配色方案,选用绿色的按钮图标色做为辅色,但是由于绿色不符合产品定位,不建议使用。

- 配色方案解析
  - ↙ 确认网页主色
  - ↙ 添加网页辅色

**1** 首先根据网站为邮箱网站，确定选用代表博大情怀的天蓝色作为网页的主色。

**2** 为网页添加中性色白色，用作网页辅色，既不会改变网页的色调，同时也可以丰富网页配色。

- ↙ 确认文本颜色
- ↙ 完成网站配色

**3** 再确定网页的正文文本颜色为黑色，标志和标题颜色为白色，显得网页高端大气。

**4** 为网页添加同一色系的天蓝色，作为点缀色出现在登录按钮上，效果突出。

· **精彩案例分析**

RGB（227，101，94）RGB（131，171，183） RGB（19，156，236） RGB（35，205，222）

　　网页背景色为渐变加模糊效果，给浏览者一种非常流畅的感觉，网页主色为粉红色，网页上方的标志和下方的按钮形成呼应。　　网页主色为蓝紫色，网页背景是一张模糊的图片，给浏览者一种朦胧感。网页按钮为邻色的配色方案，通过使用蓝色和绿色来显示。

> 　　**提示：**若想实现简化和卡片化，则屏幕布局应当保持整洁，这一步我们可以借鉴苹果公司的理念：无赘物即为完美。所以 App 网页界面设计时，信息应该分层排列，重要的在上面，不重要的在下面，千万不要去"画蛇添足"。

## 5.3　移动界面广告色彩搭配

　　除了软件本身的标志、图标和文字会影响移动界面外，大量的广告图片，也会影响整个界面的搭配效果。界面中的广告通常是为了突出某个产品或某项活动的，即使与 App 没有关系，但为了考虑整个界面的风格，也要充分论证。

### 5.3.1　商场 App 广告色彩搭配

　　商店 App 的广告色彩搭配，可以根据商店的属性和时下所处的季节相结合，如果服装商店是在夏季，就可以选择绿色作为网页的主色，同时搭配绿色的补色作为网页的辅色，来设计搭配网页。

· 网站名称：Caroline
· 网站概述：网页为商城网站的广告页，选用了热烈的红色作为网页的主色，同时采用了同色系的配色方案，选择红色的广告图片来设计网页。

| 项目背景 | 项目类型 | 服装网站 |
| --- | --- | --- |
| | 受众群体 | 青年人 |
| | 表现重点 | 品位、时尚 |
| 配色技巧 | 色相 | 灰色、红色、蓝色 |
| | 色彩辨识度 | 低 |
| | 色彩印象 | 精致、画面感清晰 |

主色

RGB（255，110，110）RGB（219，195，187）

辅色

RGB（77，92，125）　RGB（70，131，255）

点缀色

RGB（35，45，67）　RGB（146，32，91）

网页主色为降低明度的粉红色。根据浏览者多为女性的特点，服装购物网站主色调为暖色系。

灰色的网页文本颜色，使得网页时尚精致。采用了同色系的配色方案，选用粉红色系的图片作为网页广告图。

界面右下角的粉红色色块，为网页增加了重量。同时起到了突出强调的作用，既突出主题，又强调网页统一性。

• **案例分析**

主色　　　　　主色对比　　　　　辅色对比　　　　　广告色对比

  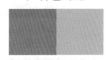

　　粉红色是一种纯美、娇艳的颜色，给人一种缥缈、轻柔的感觉，可以用来表现温馨、雅致、浪漫的意境，特别适合用于女性用品和服饰中。

> **提示**：模糊效果出现在极简化 UI 设计中是一件非常符合逻辑的事情，因为它先天就能够强化 UI 的层次感。多层次的 UI 结构中，模糊效果使得用户能够更容易分辨前后层级的差异和前后关系，而模糊效果同时也赋予了 UI 设计师探索不同菜单和布局设计的可能性。

- **建议延伸的配色方案**

RGB（77，92，125）　　RGB（110，160，255）

　　网页主色为水蓝色，页面呈现清澈透明的感觉。整个网页使用同色系的配色方案。广告图片也选择蓝色调的。整个网页精致和谐。

RGB（255，110，110）　RGB（220，214，213）

　　网页主色为粉红色。网页广告图片色采用同色系的配色方案，选用粉红色系的图片，显得网页色调和谐统一，黑色的网页文本颜色高端大气。

- **不建议延伸的配色方案**

RGB（12，12，12）　RGB（110，160，255）

　　网页主色为蓝色，网页广告图片色为黑色系、黄色系和红色系，黑色调的图片色导致网页主色不明显，整个页面缺少女性的温柔与妩媚。

RGB（255，190，28）　RGB（255，110，110）

　　网页文本颜色为黑色，显得精致高端，网页主色为粉红色，网页广告图片色有黄色、蓝色、绿色和粉色，太多颜色导致网页显得杂乱无章，不建议使用。

- **配色方案解析**
  - ↙ 确认网页主色
  - ↙ 添加广告图片

**1** 　首先根据网页 App 的产品定位，确定网页主色为粉红色，网页主色调为暖色调。

**2** 　为网页添加同色系的图片和图形，丰富网页配色的同时丰富网页内容。

- ↙ 确认文本颜色
- ↙ 完成网站配色

**3** 　网页文本颜色为蓝色，使用了间色的配色方案，低明度的蓝色文字给人沉稳的感觉。

**4** 　最后为网页添加蓝色的小图标和小按钮，使网页内容更加丰富精彩。

• **精彩案例分析**

RGB（14，60，120）　RGB（254，84，33）

RGB（216，101，56）　RGB（249，193，25）

网页主色为深蓝色，网页主体部分为 4 部分广告，分别采用中性色、主色的同色系和主色的对比配色方案，以此来展现广告内容。

网页主色为代表轻快的橘红色，网页辅色为黄色。使用邻色的配色方案，来突出和强调广告内容的重要性，同时广告的图片采用了同色系的配色方案。

### 5.3.2　食品 App 广告色彩搭配

食品类的 App 网站运用的色彩搭配通常会选择大面积且较明亮的颜色。选择光盘图片时颜色尽量不要过于饱和，亮度也不要过亮，这样才能避免在同一个界面中因所有元素都很显眼而造成页面的混乱。整个页面会因此而没有重点。

• 网站名称：COOK

• 网站概述：食品网站要传达给浏览者健康、卫生的色彩意向。决定主色后，要降低其饱和度使用，这样整个页面会呈现一种干净、素雅的感觉。

| 项目背景 | 项目类型 | 食品网站 |
| --- | --- | --- |
|  | 受众群体 | 青年人、中年人、老年人 |
|  | 表现重点 | 绿色食品、健康人生 |
| 配色技巧 | 色相 | 黄色、灰色、粉色 |
|  | 色彩辨识度 | 高 |
|  | 色彩印象 | 健康、美味、休闲 |

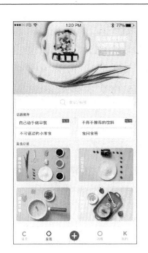

主色

RGB（244，222，147）　RGB（255，0，118）

辅色

RGB（88，88，88）　RGB（153，153，153）

点缀色

RGB（139，200，168）RGB（191，212，209）

　　悠闲、活跃的黄色为食品网站的主色，搭配黄色系的图片，显得网页生动、活泼。

　　网页中间为网站的选项分类卡，使用白色的按钮框和黑色文字，形成对比，更显眼的同时也方便浏览者阅读。

　　网页下方则是 4 个美食分类广告，不同的广告选用不同的颜色加以区分，同时颜色色相差别不大，便于区分。

- **案例分析**

主色　　　　　　　　主色对比　　　　　　　辅色对比　　　　　　　广告色对比

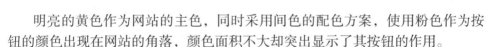

　　明亮的黄色作为网站的主色，同时采用间色的配色方案，使用粉色作为按钮的颜色出现在网站的角落，颜色面积不大却突出显示了其按钮的作用。

- **建议延伸的配色方案**

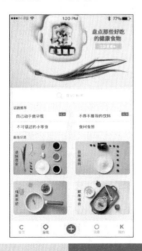

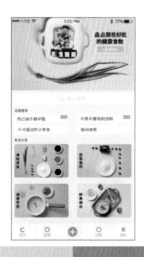

RGB（249，229，150）　　RGB（255，0，22）

RGB（251，217，157）　　RGB（255，126，0）

189

食品网页主色为黄色，辅色搭配有红色的按钮、绿色和蓝色的广告色，平衡了网页明度，灰色的文本颜色使网页显得高端大气。

食品网页主色为浅橘黄色，网页辅色为橘黄色、绿色和蓝色，高明度的主色和低明度的辅色平衡了网页明度，黑色的文本颜色突出显示。

• **不建议延伸的配色方案**

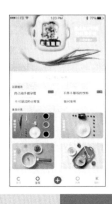

RGB（139，160，241） RGB（255，1，116）　　RGB（243，224，146） RGB（126，124，180）

食品网页主色为青紫色，网页辅色为淡黄色、绿色和青色，网页采用了间色和补色的配色方案。整个页面过于清冷，不易使人联想到食品。

食品网页主色为明亮的黄色，网页辅色为青紫色、绿色和淡粉色，网页采用了补色和间色的配色方案，由于网页辅色色相相差过大，造成网页页面不和谐。

• **配色方案解析**
  ↵ 确认网页主色
  ↵ 添加网页辅色

**1** 根据食品 App 的产品定位确定网页主色为明亮的黄色，网页色调为暖色调。

**2** 为网页添加低明度的绿色和蓝色作为网页辅色，以此来平衡网页的明度和纯度。

↙ 确认文本颜色
↙ 完成网站配色

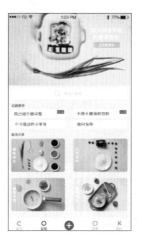

 网页文本颜色使用了白色、黑色和灰色这 3 种中性色，既不过分突出又给人安静和谐的感觉。

 最后为网页添加各式各样的食品图片来丰富网页，使网页内容更加饱满。

• **精彩案例分析**

RGB（92，191，202） RGB（164，140，224）

RGB（197，147，74） RGB（195，217，119）

网页选用代表纯洁、美好的青色作为网页主色，符合医院的产品属性，让浏览者一看到网页就能联想到医生、护士这些关键词，加深对网站的印象。

美食网站主色为黄色，为浏览者显示了看起来非常美味的面食，再加上红色和绿色辅色点缀网页，使页面看起来有画面感。

### 5.3.3 外卖 App 广告色彩搭配

食品的图片一般都是暖色系。且大多是黄色、橙色和红色这些具有口感的颜色。在设计外面界面时，可以选择与食品颜色一致。使用同色系搭配法。保证整个页面色调统一，风格一致。也可以使用补色搭配，突出食品，刺激消费。

- 网站名称：RECIPES
- 网站概述：App 网页中大片的橘红色搭配白色，使得整个页面显得干净又不乏热情，可以给用户很好的感官效果。

| 项目背景 | 项目类型 | 外卖网站 |
|---|---|---|
| | 受众群体 | 年轻人、中年人 |
| | 表现重点 | 美食、可口 |
| 配色技巧 | 色相 | 橘黄色、白色 |
| | 色彩辨识度 | 高 |
| | 色彩印象 | 可口、刺激食欲 |

主色

RGB（235，96，55）　　RGB（190，61，22）

辅色

RGB（255，255，255）　　RGB（213，216，223）

点缀色

RGB（75，103，1）　　RGB（221，189，26）

橘黄色的主色，搭配上黄色调的网页主题图，刺激消费者的食欲，同时调动浏览者的积极性。

网页中间的主图，背景是白色的带有折痕的纸张效果，加上一盘非常诱人的菜肴，给了用户无限的遐想。

网页顶部使用了白色的文本和小图标，可以简单清楚地展示给用户，并且与网页底部的图标形成呼应。

- **案例分析**

主色　　　　　　　主色对比　　　　　　　辅色对比　　　　　　广告色对比

橘黄色的主色会促进浏览者的食欲，从而促进销售。简单的配色也会使用户的注意力比较集中，更加方便用户浏览阅读。

- **建议延伸的配色方案**

RGB（237，147，28）RGB（135，76，42）

橘黄色作为食品 App 的主色是最正确不过的选择，搭配同色系的菜肴图片和人物图片，使得整个网页色调一致，具有吸引力。

RGB（182，79，81）RGB（244，167，1）

红色是具有喜庆和热闹氛围的颜色，在这种氛围下同样也会增加人们的食欲，黄色系的菜肴图片更显吸引力，可以瞬间抓住人们的视线。

- **不建议延伸的配色方案**

RGB（182，159，79）　RGB（246，173，1）

土黄色的网页主色搭配同色系的网页图片，网页色调一致，整个网页显得干净精致，但是主色不容易勾起用户的情绪与食欲，不建议使用。

RGB（54，193，234）　RGB（66，90，93）

网页使用补色的配色方案，把代表忧郁和严肃的蓝色选为主色，搭配红色系的图片，但是蓝色不符合食品网站的产品定位，不建议使用。

193

- **配色方案解析**
  - ↙ 确认网页主色
  - ↙ 添加广告图片

**1** 　首先根据App为外卖网站，确定网页主色为热情洋溢的橘黄色，网站主色调为暖色调。

**2** 　为网页添加同色系的食物图片和人物图片，丰富网页内容。

- ↙ 确认文本颜色
- ↙ 完成网站配色

**3** 　确定网页文本颜色为白色，标题文本使用稍微比较粗的字体，强调突出页面主题。

**4** 　最后为网页添加白色的小图标，使网页内容更加饱满，整个网页显得干净整洁。

- **精彩案例分析**

RGB（213，29，41）　RGB（183，222，73）

RGB（186，105，192）RGB（240，201，140）

　　网页主色为灰色，网页辅色为红色、蓝色和绿色。白色的文本颜色尽显大气，红色的标题文本颜色突出网页主题，黑色系的广告图片低调沉稳。

　　网页主色为紫色，配合黄色、蓝色和黑色的网页辅色，使得整个网页显得低调神秘，各种图片丰富了网页配色的同时使网页内容更加精彩。

### 5.3.4　品牌 App 广告色彩搭配

　　品牌 App 的界面设计会延续品牌的核心理念和思想，更多的是结合当时的季节因素、天气变化、人物心情等一系列因素，来完成 App 界面的色彩搭配和设计方案。假如 App 是服装品牌，那么季节因素就是 App 色彩搭配中的首要考虑因素。

- 网站名称：SET TIMER
- 网站概述：服装品牌 App 的春装广告设计色彩搭配，运用了春意盎然的绿色作为网页的主色，搭配其他高明度的颜色，显得页面活泼、自然。

| 项目背景 | 项目类型 | 品牌网站 |
| --- | --- | --- |
| | 受众群体 | 青年人 |
| | 表现重点 | 春装、时尚 |
| 配色技巧 | 色相 | 绿色、黄色、灰色 |
| | 色彩辨识度 | 较高 |
| | 色彩印象 | 健康、安全 |

主色

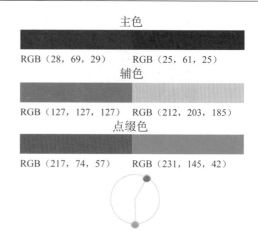

RGB（28，69，29）　　RGB（25，61，25）

辅色

RGB（127，127，127）　RGB（212，203，185）

点缀色

RGB（217，74，57）　　RGB（231，145，42）

　　网页主色为孔雀绿。标题文字设置为深灰色。厚重的灰色可以很好地带给浏览者一种稳重的感觉。

　　白色的广告背景色、黄色和绿色的广告图片，使整个网页一下子鲜活起来。同时明度也得到充分平衡。

　　各个社交账号图标的背景色不同，使浏览者可以清楚明白地分清每个图标，方便浏览者的使用。

- **案例分析**

主色　　　　　主色对比　　　　　辅色对比　　　　　广告色对比

　　网页主色为明度较低的孔雀绿，在与邻色搭配时，表现出宁静、自然的感受；与对比色搭配，可展示出秀丽美好的一面；与互补色搭配，则可以体现对生活的积极性。

- **建议延伸的配色方案**

RGB（241，201，225）　RGB（231，145，42）

网页主色为轻快、明亮的淡粉色，配合黄色系的网页广告图片，使网页看起来活泼、自然，主色粉色与黄色的图片色使用了补色的配色方案。

RGB（28，69，29）　RGB（229，178，40）

品牌 App 的春装广告页面，选用了绿色作为网页主色和明黄色系的图片，采用了间色的配色方案，提高了网页的明度。

提示：App 网页界面中广告色调的选用，关键步骤是确定自己想要的风格，找大量的符合风格要求的图片，进行对比筛选，选出最符合自己要求的几张图片或者选择跟产品属性相关的图片开始进行色彩的提取。

• **不建议延伸的配色方案**

RGB（28，69，29）　RGB（231，145，42）

网页主色为墨绿色，使用同色系的配色方案，选用绿色的广告图片色。由于墨绿色的明度较低，再使用绿色系的图片，会显得整个网页淡然无光。

RGB（248，249，165）　RGB（89，89，73）

网页主色选用高明度的黄色，再搭配同色系的淡黄色图片，使得整个网页过分明亮，显得有点刺眼，所以不建议使用此配色方案。

提示：正确理解品牌的意义是 App 设计的第一步。App 的取色和风格都与 App 品牌相关，品牌是 App 设计的基石。

- **配色方案解析**
  - ↙ 确认网页主色
  - ↙ 添加网页辅色

**1** 首先根据网页是品牌服装 App 的春装广告页，确定主色为代表草地的绿色。

**2** 为网页添加深灰色和浅灰色作为网页辅色，蓝色、黄色和红色作为网页点缀色。

- ↙ 确认文本颜色
- ↙ 完成网站配色

**3** 白色的网页文本颜色精致大气，灰色的网页文本标题颜色沉稳贵气，黑色的文本颜色干净。

**4** 明亮的网页广告色，为低明度的网页注入了一股活力，白色的小图标干净清楚。

**•　精彩案例分析**

RGB（230，66，57）RGB（117，157，218）　　　　RGB（2，209，183）RGB（255，184，145）

网页主色为红色，网页主题图使用了同色系的配色方案，选用了红色系的图片，使得网页主色突出，同时显得网页和谐统一。　　从网页中大面积地使用绿色可得知网页主色为绿色，网页主色与网页广告图片使用了同色系的配色方案，使网页主色更为突出。

## 5.4　App 启动界面色彩搭配

现在的 App 启动界面，均采用扁平化设计风格。App 扁平化设计是一种实打实的设计风格，扁平化之前，设计师的作品往往非常写实，非常有立体感。从整体的角度来讲，App 扁平化设计是一种极简主义美学，是一种提倡功能大于形式、留白大于填充的美学。

### 5.4.1　修图 App 启动界面色彩搭配

App 极简化设计并不局限于某种色彩基调，它可以使用任何色彩。App 扁平化设计并不是完全没有效果的，只是没有那些多余的人造的阴影和维度。现在越来越多的设计几乎都是扁平的，它们的整体样子和观念都只包含很少的效果。

- 网站名称：海报工厂
- 网站概述：该网页为图像处理 App 的启动页面，选用了红紫色来向浏览者展示页面，以吸引和留住浏览者目光。

| 项目背景 | 项目类型 | 修图 App |
|---|---|---|
| | 受众群体 | 青少年 |
| | 表现重点 | 图片修饰、美好生活 |
| 配色技巧 | 色相 | 紫色、粉色、白色 |
| | 色彩辨识度 | 高 |
| | 色彩印象 | 精致、女性题材 |

主色

RGB（176，70，171）　RGB（73，24，152）

辅色

RGB（255，60，191）　RGB（233，136，231）

点缀色

RGB（153，92，220）　RGB（186，35，228）

网页主色为红紫色。网页背景使用半透明的图片，朦胧的背景为网页增添了一股神秘感，吸引浏览者目光。

白色的网页文本中，粗体的标题网页文本表示强调，细体的网页文本更显精致，同时也可以据此区分重要程度。

网页下方紫色的按钮，与主色为同色系，保证了网页色调的一致性，同时丰富网页形式。

- **案例分析**

主色　　　　　主色对比　　　　　　辅色对比　　　　　界面色对比

红紫色具有强烈的女性化性格，优雅、高贵又魅力无穷。该 App 主要面对的是那些喜欢修图的广大女性客户，故选择了红紫色作为启动界面的主色。

- **建议延伸的配色方案**

RGB（178，67，162）　　RGB（88，29，181）

网页主色为紫红色，白色的文本颜色加上白色的图片色使得网页看上去更显精致，同时突出了图片，强调了 App 的产品属性。

RGB（183，70，158）　RGB（244，102，204）

改变启动界面中图片的占有比。较大的广告图片与背景图对比强烈。同时中性色调的图片可以很好地缓解背景图的高纯度。

- 不建议延伸的配色方案

RGB（220，96，74）　RGB（181，29，162）

RGB（71，126，210）　RGB（139，108，229）

App 使用红色作为网页主色，且主色与图片色相一致，使用的是同色系的配色方案，红色的主色使得网页主题不鲜明，不建议使用该配色方案。

图片处理软件使用颜色深邃的蓝色作为主色，会显得网页过于沉闷和严肃，不利于吸引女性用户群体，不建议使用该配色方案。

- 配色方案解析
  - ↙ 确认网页主色
  - ↙ 添加背景图

①　该软件女性用户较多，选择女性专用色——红紫色作为背景。逐渐加深的渐变增加页面层次。

②　为页面中加入背景图，增加背景的层次感，并以图片的方式展现 App 的功能。

201

- 确认文本颜色
- 完成网站配色

**3** 网页文本颜色为白色，大号的白色标题文本显得网页简洁精致。字体的粗细用于区分重要性。

**4** 最后为网页添加纯色的按钮，既丰富了网页形式，又不影响网页的主色调。

- **精彩案例分析**

RGB（255，175，69） RGB（253，209，224）

RGB（232，235，244） RGB（16，122，169）

美食 App 的启动界面，主色为橘黄色，辅色为粉红色，搭配中性色的核心图。页面简洁大方，口感十足。白色和黑色文本在背景图上清晰可见。

该网页为倒数日 App 的启动界面，网页背景为模糊的闹钟图片，使用白色的半透明背景色和蓝色的标志，简洁清晰的搭配容易给浏览者深刻的印象。

### 5.4.2　美食 App 启动界面色彩搭配

启动界面中除了包含 App 本身的内容外，还经常会有广告内容。要想在启动界面很短的时间里让用户记住广告内容，那么最好使用大面积的高纯度颜色作为主色。内容不宜过多，同时文字要大，核心图要清晰，摆放位置也要主次分明。

- 网站名称：大牌美食
- 网站概述：该网站为美食网站，选用高明度高纯度的红色来作为主色以调动浏览者的积极性，为网站增加浏览量。

| 项目背景 | 项目类型 | 美食网站 |
|---|---|---|
| | 受众群体 | 青年人、中年人 |
| | 表现重点 | 促销、美食 |
| 配色技巧 | 色相 | 红色、白色、黄色 |
| | 色彩辨识度 | 高 |
| | 色彩印象 | 热情、美味可口 |

主色

RGB（230，48，63）　　RGB（239，170，67）

辅色

RGB（255，209，10）　　RGB（1，1，1）

点缀色

RGB（92，151，95）　　RGB（248，102，139）

网页主色为红色，网页辅色为黄色，使用了间色的配色方案，热情的红色和活泼的黄色给人一种轻松、愉悦的心情。

网页使用中性色白色来展示网页标题文本，特大号的字体可以清楚明白地展示给浏览者。

看起来香气四溢的图片上方是大号的文本内容，给浏览者一种视觉冲击，可增加其购买欲。

- 案例分析

主色　　　　　　主色对比　　　　　　　　辅色对比　　　　　　　　界面色对比

页面为美食 App 启动界面中的一页，主要是展示促销活动。页面中采用大面积的红色作为主色。黄色调的核心图与主色搭配协调，主题突出。

- **建议延伸的配色方案**

RGB（231，50，67）　RGB（0，0，0）

RGB（232，108，62）　RGB（249，37，76）

热情的红色作为美食 App 的启动页面主色，搭配中性色黑色的文本，降低整个页面的明度，页面整体可信度增加。

温馨舒适的橙色作为 App 的启动界面主色，搭配热情似火的红色和简单精致的白色，使得网页看上去赏心悦目。

- **不建议延伸的配色方案**

RGB（47，143，226）　RGB（255，150，17）

RGB（48，231，82）　RGB（254，208，14）

网页使用了代表大海的蓝色作为 App 启动界面的主色，然而过于严肃和宁静的蓝色容易让人心情变得平静，不能激发用户的购买欲望。

网页主色为绿色，代表了生机和希望，绿色和黄色使用了邻色的配色方案，与白色文字和黄色标签搭配，页面明度太高，主题模糊。

- 配色方案解析
  - ↙ 确认网页主色
  - ↙ 添加网页辅色

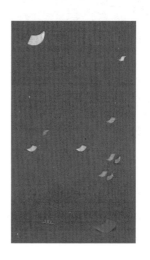

**1** 　　网站为美食 App，要体现促销的色彩意向，选择了热情如火的红色作为主色。

**2** 　　采用邻色的配色方案，为网页添加橘黄色作为辅色，再采用同色系的配色方案，为网页添加粉色的辅色。

- ↙ 确认文本颜色
- ↙ 完成网站配色

**3** 　　白色的文本标题可以让用户直接看到主题。同时白色的文字使得整个页面干净、整洁。

**4** 　　橙色的图片色加上黄色的图形，在丰富网页配色的同时也可增添网页内容形式。

· **精彩案例分析**

RGB（29，113，174） RGB（12，81，138）　　　RGB（205，234，240） RGB（240，113，143）

App 的启动界面使用了蓝色作为网页的主色，同时网页的背景色也为蓝色，这就是使用了同色系的配色方案，使网页色调始终保持一致，给人一种和谐统一的氛围。

密友衣橱 App 的启动界面使用粉色作为网页的主色，网页背景为衣帽间的图片，符合产品定位。粉色的主色主要是针对用户群体大都为女性用户而设置的。

### 5.4.3　理财 App 启动界面色彩搭配

理财 App 的启动界面产品属性是严肃、重要和理性，所以页面设计要简单、稳重，简单可以使浏览者快速知道 App 的作用，稳重可以使浏览者增加对 App 的信赖感，从而促进 App 的访问量。

· 网站名称：推理财

· 网站概述：该 App 为理财网站，因为理财本身存在风险，所以选用中性暖色——咖啡色作为网页主色，给浏览者一种安静、温暖的感觉。

| 项目背景 | 项目类型 | 理财网站 |
|---|---|---|
| | 受众群体 | 中年人、老年人人 |
| | 表现重点 | 成功、安全、舒心 |
| 配色技巧 | 色相 | 咖啡色、蓝色、绿色 |
| | 色彩辨识度 | 高 |
| | 色彩印象 | 温暖、富有、成功 |

主色

RGB（92，69，38）　　RGB（196，142，78）

辅色

RGB（99，35，0）　　RGB（228，230，107）

点缀色

RGB（79，115，147）　　RGB（143，189，18）

　　网页主色为咖啡色，增加明度后用作页面背景，增加页面的层次。页面效果沉稳而丰富，充满财富的意味。

　　网页标题即网页标志为文字"推理财"，使用了大号加粗字体，表示突出强调，"财"字进行了变形，更容易让浏览者记住。

　　理财是冒风险和严肃的活动，搭配咖啡这类休闲图片，可以适当使浏览者的心情得到放松。

- **案例分析**

主色　　　　　　主色对比　　　　　　辅色对比　　　　　　界面色对比

　　咖啡色拥有沉着、强硬的特征，给人一种踏实、稳重的印象。在这款产品中选用咖啡色为主色，可以很好地向用户传达产品的可靠度。

- **建议延伸的配色方案**

RGB（36，60，88） RGB（84，134，193）

　　理财 App 的启动界面主色为深蓝色。通过使用渐变颜色增加页面的层次感。深蓝色是责任和理智的象征，可以使浏览者产生信赖感。

RGB（86，51，34） RGB（213，132，96）

　　棕色可以带给人安全、安定和安心感，与白色核心图对比强烈，主题突出。整个页面向用户传递着踏实、稳重的色彩意向。

　　**提示：** 舒适的配色方案决定了 App 的形象，它应该是品牌主色的扩展。它是视觉设计的核心，因为 App 所有可见的地方都会使用这些颜色，所以你需要选择一个能增强品牌形象的主色，这是关键当中的关键。

- **不建议延伸的配色方案**

RGB（54，37，89）RGB（120，82，200）

　　理财 App 的启动界面使用了神秘、尊贵的紫色作为网页主色，神秘的紫色可能会带给浏览者一种不确定感、不可信赖感，使得浏览者放弃理财。

RGB（88，36，43） RGB（198，80，95）

　　App 的启动界面主色为暗红色，它是一种凝重、严肃、高贵的颜色，理财本来就有风险性，使用过于严肃的颜色可能导致浏览者放弃理财。

　　**提示：** 柔和色调使页面显得明快温暖，就算色彩很多也不会造成视觉负重。页面使用同色系的配色方案，颜色作为不同模块的信息分类，不仅不抢主体的重点，还能衬托不同类型载体的内容信息，同色调不同色彩的模块，就算承载着不同的信息内容也能表现很和谐。

- **配色方案解析**
  - ↙ 确认网页主色
  - ↙ 添加核心图

 选择咖啡色作为主色。饱和度很高的咖啡色，给人可信、可靠的色彩意向。

**2** 为网页添加一杯咖啡的图片，丰富网页形式，图片与主色属于同色系的配色方案。

- ↙ 确认文本颜色
- ↙ 完成网站配色

**3** 根据网页主色，确定网页文本颜色为中性色白色，白色的文字显得网页简单舒适。

**4** 最后为网页添加绿色、蓝色和黄色的装饰图形，用来点缀网页，丰富页面效果。

- **精彩案例分析**

RGB（186，0，3） RGB（254，250，202）     RGB（239，108，45）　RGB（133，200，68）

　　花瓣网的 App 启动界面，采用了红色作为网页的主色，搭配半透明的图片背景和花瓣形的网页标志，带给浏览者一种朦胧、神秘的美感。

　　百度地图主色为橘黄色，热情大方，与绿色做补色搭配，对比强烈，主题突出。灰色背景搭配协调，降低页面的不适。整个页面层次分明，目标明确。

### 5.4.4　交友 App 启动界面色彩搭配

　　交友类 App 的启动界面因为针对人群是年轻人，所以在设计上追求浪漫、温馨的元素居多。在颜色使用上多使用暖色系的颜色，搭配邻色或间色，可以很好地表现 App 的功能或活动内容，可以很好地吸引浏览者的目光，增加页面的访问量。

- 网站名称：致爱
- 网站概述：该页面是致爱 App 的情人节活动启动界面，主要是突出活动的相关信息。通过使用合适的素材，将页面的主题凸显出来。

| 项目背景 | 项目类型 | 交友网站 |
| --- | --- | --- |
|  | 受众群体 | 青年人 |
|  | 表现重点 | 白色情人节 |
| 配色技巧 | 色相 | 橙色、蓝色、粉色 |
|  | 色彩辨识度 | 低 |
|  | 色彩印象 | 浪漫、唯美 |

主色

RGB（220，125，61）　　RGB（168，56，55）

辅色

RGB（68，36，57）　　RGB（143，102，118）

点缀色

RGB（38，7，51）　　RGB（213，149，122）

　　启动页面采用太阳橙为主色，象征着幸福和亲近，带给浏览者开放、愉悦的感受。

　　网页背景图片色从上到下明度逐渐降低，增加网页的厚重感。逐渐变暗的颜色，更加突出页面中明亮的位置。

　　使用蓝紫色的文字表达主题，既与底部颜色对称，又可以清晰地表达主题含义。

- **案例分析**

主色　　　　　　　　主色对比　　　　　　　　辅色对比　　　　　　　　界面色对比

　　网页主色和辅色选择了明度较高的太阳橙色，是适合表达家庭系的色彩，与紫色搭配感觉页面对比强烈。整体效果温馨、浪漫。

- **建议延伸的配色方案**

RGB（184，77，59）　　RGB（0，0，0）

　　网页文本颜色为高端低调的中性色黑色，搭配橙色的网页主色，显得网页暧昧精致。配色方案符合交友 App 的温暖、浪漫的市场定位。

RGB（254，65，18）RGB（227，179，107）

　　页面使用浪漫的红紫色作为主色，向浏览者传递着温柔的色彩意向。整个页面传递着华丽和喜悦的氛围。与深紫色搭配，产生迷幻的效果。

- **不建议延伸的配色方案**

RGB（46，17，39）　　RGB（157，10，39）

　　网页文本颜色为暗红色，文本颜色和网页辅色属于同色系的配色方案，但是由于上半部分的背景颜色明度较高，导致文本颜色不明显，不建议使用。

RGB（115，111，163）　RGB（250，238，19）

　　紫色和黄色的图片作为网页背景，虽然浪漫的紫色和明亮的黄色符合产品属性定位，但是文本颜色和图片上方的颜色太过接近，导致文本颜色不明显。

- **配色方案解析**
  - 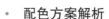 确认网页主色
  - 添加辅助图片

**①**　选择太阳橙为主色，并搭配一张街道图片作为背景。页面层次丰富，对比强烈。

**②**　为网页添加红色、粉色的辅色或点缀色，丰富网页形式。图片素材的加入，增加页面的层次。

确认文本颜色
 完成网站配色

③　　　确定网页文本颜色为墨蓝色，与网页图片背景下方的颜色属于同色系搭配，上下呼应。

④　　　为网页添加文本颜色的标志和白色的说明文字。内容充实，主题明确。

• **精彩案例分析**

RGB（255，89，29）　RGB（149，202，236）

RGB（255，83，115）　RGB（42，43，44）

　　淘宝 App 的启动界面运用了极简化的设计，白色的背景加上各种小图形和网页标志，清楚地表达了淘宝的包容性，同时简单的设计容易让浏览者记住。

　　交友 App 使用了一张夜晚昏黄灯光下的城市图片作为背景，想要传达一种孤独感，从而使App 的作用迅速体现。粉红色的网页标志带给人温暖。

213

## 5.5 电商活动页的色彩搭配

一个成功的活动页面，大部分会具有以下几个出彩的要素：色彩、构图、风格创意、细节等。一个活动页面从无到有，设计师需要对整个页面有全盘的设计和把控，良好的画面分割能够让用户第一眼看到这个页面就能被视觉吸引。

### 5.5.1 金融活动 App 色彩搭配

金融 App 在活动页面设计上，不做炫耀的技能，只做可用性的设计；用减法去掉过多的装饰，还原用户一个简单的看点；用加法雕琢细节，优化功能，让用户最关心的事情有直接的入口表达。界面风格关键词：简洁、留白、蓝色、科技、诚信等。

- 网站名称：日日生财
- 网站概述：金融 App 的活动界面选用了温暖安定的橙色作为网页的主色，余下的白色部分是活动的详细说明，使浏览者能够清楚地阅读。

| 项目背景 | 项目类型 | 金融网站 |
|---|---|---|
| | 受众群体 | 中年人、老年人 |
| | 表现重点 | 投资渠道、投资参数 |
| 配色技巧 | 色相 | 橙色、绿色、紫色 |
| | 色彩辨识度 | 低 |
| | 色彩印象 | 主题明确、对比强烈 |

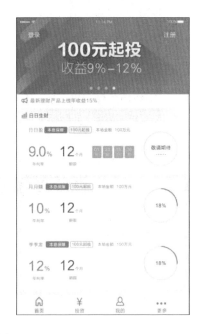

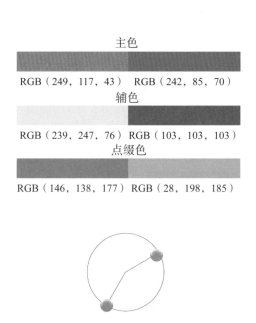

主色

RGB（249，117，43） RGB（242，85，70）

辅色

RGB（239，247，76）RGB（103，103，103）

点缀色

RGB（146，138，177） RGB（28，198，185）

网页主色为橙色，有着丰收、生机勃勃的色彩意向。大面积使用，给人一种舒适、温和的印象。

白色的加粗标题文字和黄色的细体文字形成了鲜明的对比，既起到了强调的作用，又丰富了网页的内容形式。

蓝绿色和淡紫色的小图标，点缀装饰网页，让网页内容不至于过分单调。

- 案例分析

主色　　　　主色对比　　　　　　辅色对比　　　　　　　活动页配色对比

温暖的橙色会带给浏览者一种安定的感觉，使得浏览者对理财 App 网页产生一种信赖感。同时橙色也是一种警示色，提醒用户投资的风险。

- 建议延伸的配色方案

RGB（249，43，74） RGB（24，195，186）

App 的主色为红色，代表喜庆、热情的红色可以很好地调动浏览者对投资理财的积极性，促使浏览者购买理财产品。

RGB（42，52，245） RGB（199，120，19）

App 的主色为蓝色，蓝色通常用于科技、金融类的网站，这是因为蓝色是比较严肃和清冷的颜色，容易给人留下值得信任的感觉。

> 提示：我们在做一个网页的活动专题时，构思的时候可以大胆尝试，考虑内容和风格，先确定构图，再往里面添加内容，要充分考虑到内容的排版，尽量做到让一个专题有大创意的同时又具有小细节，实现整体形式感的完美和谐。

**不建议延伸的配色方案**

RGB（249，223，43） RGB（17，123，198）　　　RGB（216，43，249） RGB（127，206，20）

明亮的黄色作为金融 App 的主色，使得整个页面鲜活明亮，搭配蓝色的小图标，可平衡网页明度。但是由于黄色过于明亮，导致文字部分不清楚，因此不建议使用。　　将金融 App 的活动页面主色更改为紫色，搭配绿色的小图标，使用了补色的配色方案。但是由于紫色代表着神秘，容易给浏览者增加不确定感，因此不建议使用。

**配色方案解析**

↙ 确认网页主色

↙ 添加辅助图案

① 确定网页主色为橙色，热情又预示着美好。局部的橙色搭配白色可以降低页面的视觉刺激。

② 为网页添加简单且与主色同色系的图形，在丰富页面层次的同时，也使得页面效果简洁、精致。

确认文本颜色

 完成网站配色

**3** 　确定网页正文文本颜色为灰色、白色、黄色和橙色，突出显示主题。

**4** 　为网页添加绿色和紫色的小图标，可丰富网页内容形式，同时丰富网页配色。

- **精彩案例分析**

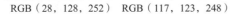

RGB（28，128，252）　RGB（117，123，248）

　　网页 App 的主色为蓝色，搭配中性色白色系的图片和蓝色系的小图标，使用了同色系的配色方案，将医院的活动页面塑造得既简单又美观，给浏览者留下深刻的印象。

RGB（195，60，100）　RGB（253，99，101）

　　网页 App 主色为粉红色，搭配粉红色系的页面活动图片，网页配色属于同色系的配色方案，充满浪漫和甜蜜的氛围在网页里得到体现。

217

### 5.5.2 服装活动 App 色彩搭配

活动专题网页内容不多，要突出趣味性。如果怕用户觉得无聊，可以设计成一幅美妙的插画，让用户迅速置身页面场景中，带动情绪，参与互动，直观获取有用信息。这种处理方式会使页面信息表现得更加准确顺畅，能够快速有效地把目标用户带入到页面氛围当中。

- 网站名称：良品
- 网站概述：良品 App 专题活动页面采用了淡紫色作为网页的主色调，充满少女气息的淡紫色非常符合产品的属性定位。

| 项目背景 | 项目类型 | 服装网站 |
|---|---|---|
| | 受众群体 | 青年人 |
| | 表现重点 | 展示游戏的精美页面和人物的精致画像 |
| 配色技巧 | 色相 | 紫色、白色、粉红色 |
| | 色彩辨识度 | 高 |
| | 色彩印象 | 清纯、含蓄 |

主色

RGB（189，175，254） RGB（65，52，131）

辅色

RGB（254，85，73） RGB（252，224，223）

点缀色

RGB（74，157，207） RGB（232，203，173）

网页主色为丁香色，这是一种清纯的颜色，与同色系搭配，表达出女性的含蓄之美。

白色的活动标题异常醒目，搭配紫色的网页正文文本颜色和底部的紫色服装图片，使得整个网页色调一致。

红色的图形图标和白色系的服装图片，在丰富网页配色的同时也可增添网页内容形式。

- **案例分析**

主色      主色对比      辅色对比      活动页配色对比

丁香色在与邻色搭配时，可以表现出青春童话般的美妙联想；搭配互补色

使用时，给人享受和快活的感觉。

- 建议延伸的配色方案

RGB（216，241，254）RGB（205，225，249）　　　RGB（137，242，208）RGB（241，207，219）

　　浅蓝色作为 App 的活动页面主色，会带给浏览者一种清新、干净的感觉。网页图片与网页主色使用了同色系的配色方案，使得少女活动专题倍感新颖。

　　网页 App 使用了绿色作为主色，这是因为页面是夏日约会必备活动页，选择绿色可以很好地表达出夏日的清凉舒爽，符合活动页面的色彩印象。

- 不建议延伸的配色方案

RGB（248，236，217）RGB（67，183，142）　　　RGB（248，136，254）RGB（174，108，233）

　　网页活动页面选用了米黄色作为网页主色，搭配绿色的网页标题文本颜色，使得整个网页看起来非常怪异，并且绿色不符合减肥活动的色彩印象。

　　网页 App 主色为粉色，使用邻色的配色方案，确定网页辅色为紫色，配色方案是正确的，但是由于色相太相近，导致页面色彩冲突，不建议使用。

- **配色方案解析**
  - ↙ 确认网页主色
  - ↙ 添加辅助图片

**1** 网页 App 的活动为假日活动，针对人群是年轻人，所以选用了清纯浪漫的丁香色作为主色。

**2** 为网页添加与主色同色系的图片和中性色白色的图片色，丰富了网页内容形式。

  - ↙ 确认文本颜色
  - ↙ 完成网站配色

**3** 网页活动标题文本颜色使用了醒目的白色，紫色的正文文本与主色相呼应。

**4** 为网页添加蓝色的衣服、粉色的帽子和红色的图形，采用了邻色和间色的配色方案。

- 精彩案例分析

RGB（171，182，188）RGB（151，97，101）

RGB（86，125，230）RGB（108，239，217）

网页 App 主色为灰色，搭配人物的红蓝色格子衬衫，使得网页给人一种亮眼、美观的感觉。网页下方为白色的背景加上灰色的正文文本，显得网页干净自然。

网页主色为蓝色。网页背景为半透明的图片，为网页增添朦胧感和神秘感。网页主色和网页辅色采用的是补色的配色方案，蓝色按钮与主色相呼应。

### 5.5.3　电商活动 App 色彩搭配

App 网页中的活动页也是根据促销产品的属性特征确定网页活动的主色，再根据补色、间色或邻色的配色方案，为网页活动页面选择合适的配色方案，同时商店的促销活动页面也会考虑季节因素。

- 网站名称：SHOP
- 网站概述：该网页为商店 App 的促销活动页面，网页选用了热烈、奔放的红色作为活动页面的主色，方便调动浏览者的积极性。

| 项目背景 | 项目类型 | 电子商务网站 |
| --- | --- | --- |
|  | 受众群体 | 青年人、中年人 |
|  | 表现重点 | 品牌、时尚 |
| 配色技巧 | 色相 | 红色、灰色 |
|  | 色彩辨识度 | 高 |
|  | 色彩印象 | 时尚、高级定制 |

主色

RGB（214，81，74） RGB（221，76，105）

辅色

RGB（78，78，78） RGB（198，200，199）

点缀色

RGB（238，186，103）RGB（161，182，209）

网页主色为朱红色，它拥有着热烈、开放和灿烂的个性，适合表达时尚服装的产品主题。

页面中采用了不同饱和度的灰色作为辅色，在增加页面层级的同时，又便于浏览者区分。通过调整核心图的饱和度，展示产品品质。

页面采用白色文字表达活动主题，灰色文字表达活动内容，层次分明，内容清楚。

- **案例分析**

主色

主色对比

辅色对比

活动页配色对比

　　热烈、奔放的朱红色作为网页主色，与补色搭配，能够体现出开阔的生命理念；与同色系搭配，可以产生柔和、明朗的效果。

- **建议延伸的配色方案**

RGB（246，137，142） RGB（174，132，229）

RGB（89，125，229） RGB（52，153，221）

网页主色为淡蓝色，搭配下方的红色、蓝色和紫色，使网页显得干净美观。暖色系的红色、冷色系的蓝色和暖色系的紫色搭配，显示活动页面的主色调为暖色调。

网页主色选用了蓝紫色来表现，向浏览者展示蓝色的宽广博大的网页属性，同时向浏览者展示紫色的神秘，可以很好地调动浏览者的好奇心，促进其消费。

- **不建议延伸的配色方案**

RGB（137，164，246）　RGB（60，237，146）

RGB（73，171，221）　RGB（100，103，176）

绿色为网页主色，由于网页下方的颜色搭配是冷色系的蓝紫色、冷色系的绿色和冷色系的蓝色，因此会给浏览者一种过于清冷的感觉，不利于突出活动内容。

冷色系的蓝色作为网页主色，搭配低明度的灰色和褐色作为辅助色，使得整个网页明度较低，会给浏览者在浏览网页时带去一种压抑的氛围，不建议使用。

- **配色方案解析**
  - ↳ 确认网页主色
  - ↳ 添加网页辅色

App 活动页面根据产品的属性定位，选用了代表热情的朱红色为网页主色，网页主色调为暖色调。

 为网页添加低明度的灰色和褐色作为网页辅色，平衡网页明度，丰富网页配色。

↳ 确认文本颜色
↳ 完成网站配色

 为网页确定白色的文本标题颜色和黑色的正文文本颜色，中性色不会改变网页色调。

 为网页添加深色系的图片，既丰富了网页配色又使网页内容更加饱满。

• **精彩案例分析**

RGB（23，108，108） RGB（40，168，169）

网页主色为水蓝色，融合了代表科技的海蓝色和代表希望的绿色。网页下方使用了白色的网页背景和黑色的图片，形成对比的同时可以突出产品。

RGB（21，186，221） RGB（20，217，220）

App 活动页面定义为蔚蓝色，使用了同色系的配色方案。选用了绿色作为网页辅色，使页面的色调一致，同时给浏览者一种希望的感觉，符合产品定位。

### 5.5.4　产品活动 App 色彩搭配

在网页设计越来越注重个性、趣味性以及视觉冲击力的今天，专题页面的构图也已经千变万化，千言万语不如一张图,专题运用这种构图方式能够将步骤、关系、各个节点以及整体流向展示清楚，配合图片展示，一个枯燥的活动页变得个性十足，用户浏览简单又明了，并且充满了趣味性。

* 网站名称：HEADSET
* 网站概述：该网页为耳机商店 App 的活动页面，采用了白色的背景和黑色的文字，加上各种图片色，向浏览者展示活动内容。

| 项目背景 | 项目类型 | 电子商务网站 |
| --- | --- | --- |
| | 受众群体 | 青年人 |
| | 表现重点 | 产品细节、高科技 |
| 配色技巧 | 色相 | 黑色、黄色、蓝色 |
| | 色彩辨识度 | 高 |
| | 色彩印象 | 精致、画面感清晰 |

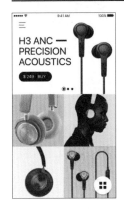

主色

RGB（255，255，255）　　RGB（0，0，0）

辅色

RGB（208，221，222）　RGB（255，194，43）

点缀色

RGB（168，141，106）　RGB（111，111，111）

页面中采用白色作为主色，整洁又具有科技感。块状的分割方式，使得页面整体结构明确，主题突出。

其他辅色都采用了饱和度较低的颜色，与产品颜色形成了鲜明的对比。黄色色块更加突出，传递着欢快的色彩意向。

页面采用了扁平化的设计风格，简洁大方。黑色文本和按钮效果清晰，便于查找阅读。

* 案例分析

主色　　　　　　　　主色对比　　　　　　　　　　　辅色对比　　　　　　　　　活动页配色对比

黑色神秘、深邃，有一种暗藏的力量。将黑色作为主色有一种正式感，同

时也可以表现出高级的品质。与鲜艳的黄色搭配，对比强烈，突出视觉焦点。

- **建议延伸的配色方案**

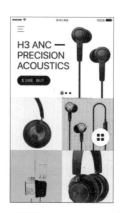

RGB（81，107，144） RGB（153，114，104）

RGB（255，194，43） RGB（85，217，138）

　　网页主色为白色，网页辅色为黑色。网页由图片和按钮组成，主题明确。简单的设计更容易使浏览者抓住重点，增强网页的可读性。

　　网页 App 的活动页面主色为黄色和绿色，低明度的绿色和高明度的黄色平衡了网页明度的同时，也使网页表现得更加亮眼。

- **不建议延伸的配色方案**

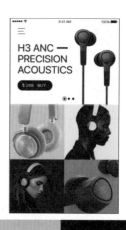

RGB（85，217，138） RGB（114，125，141）

RGB（207，189，172） RGB（24，25，30）

　　网页主色为白色，搭配绿色、米色和深蓝色的网页辅色，绿色在页面的最上面，明度和纯度都很高，会引导用户的目光，从而使其忽略掉其他内容。

　　网页文本颜色为黑色，加上黑色的小图标，使得网页明度较低，而网页下部分的图片也都是低明度的色系，使得整个网页看起来黯淡无光。

- **配色方案解析**
  - ↙ 确认网页主色
  - ↙ 添加网页辅色

① 　　选择白色作为主色，明亮的黄色作为辅色，使网页给人一种活泼的感觉。

② 　　为网页添加褐色和青色的辅色，丰富网页配色，使用了间色的配色方案。

- ↙ 确认文本颜色
- ↙ 完成网站配色

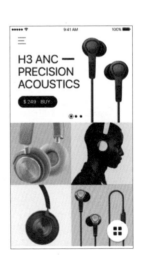

③ 　　确定网页文本颜色为高端低调的中性色黑色，既撑得住主色，又不会压主色的光芒。

④ 　　为网页添加各种耳机图片，黑色的耳机和黄色的背景，对比强烈，使人一眼就可以看到。

**· 精彩案例分析**

RGB（207，189，172）RGB（187，162，122）

RGB（155，85，160）　RGB（93，51，96）

　　网页主色是浅褐色，使用同色系的配色方案，选用了浅褐色的耳机图片，再搭配上白色的标题文本和黑色的正文文本，使得整个网页显得简单精致。

　　网页主色为紫色，搭配蓝色、绿色、红色系的图片，使 App 活动页的配色更加丰富，内容也更加饱满，有利于吸引浏览者的目光。